国家自然科学基金面上项目(41771548)

山西省重点研发计划(社会发展领域)项目(201803D31024)

矿区土壤微生物生态

李君剑 著

中国矿业大学出版社

内 容 提 要

本书从土壤微生物在矿区生态修复过程中起到的重要作用入手,重点介绍了矿区生态修复进程中的土壤微生物生物量、微生物基因和功能多样性、微生物群落组成及其演替的特征和测定方法,并以山西矿区不同植被恢复模式和施肥方式下土壤微生物的丰度、多样性和群落演替特征为实例进行了介绍。

本书可作为矿区生态修复工程人员和学习黄土高原生态修复的本科生、硕士研究生及相关研究者的参考用书。

图书在版编目(CIP)数据

矿区土壤微生物生态 / 李君剑著. —徐州:中国矿业大学出版社,2019.5

ISBN 978 - 7 - 5646 - 4413 - 0

Ⅰ.①矿… Ⅱ.①李… Ⅲ.①矿区—土壤微生物学—微生物生态学 Ⅳ.①S154.36

中国版本图书馆 CIP 数据核字(2019)第 083008 号

书　　名	矿区土壤微生物生态
著　　者	李君剑
责任编辑	章　毅
出版发行	中国矿业大学出版社有限责任公司
	(江苏省徐州市解放南路　邮编 221008)
营销热线	83884103　83885105
出版服务	83995789　83884920
网　　址	http://www.cumtp.com　**E-mail**:cumtpvip@cumtp.com
印　　刷	江苏淮阴新华印务有限公司
开　　本	787×1092　1/16　**印张** 6.75　**字数** 152 千字
版次印次	2019 年 5 月第 1 版　2019 年 5 月第 1 次印刷
定　　价	27.00 元

(图书出现印装质量问题,本社负责调换)

前　言

　　党的十八大报告将生态文明建设列入中国特色社会主义事业"五位一体"的总体布局,提出"建设美丽中国"的要求。十八届三中全会进一步明确了要深化生态文明体制改革,加快建立生态文明制度的基本要求。习近平总书记指出:"我们既要绿水青山,也要金山银山。宁要绿水青山,不要金山银山,而且绿水青山就是金山银山","要加大生态系统保护力度。实施重要生态系统保护和修复重大工程,优化生态安全屏障体系,构建生态廊道和生物多样性保护网络,提升生态系统质量和稳定性"。此举充分表明我国已经把生态文明建设放在了突出地位,也意味着我国生态文明水平将会有进一步的提升。

　　困难立地植被修复是构建生态廊道和生物多样性保护网络中的障碍,针对性地研发困难立地生态修复技术已成为生态系统安全和稳定的前提与依据。山西省困难立地分布广泛,包括:山西省黄土地貌发育成熟,梁、塬、卯广布,侵蚀强烈,地表千沟万壑并且盐碱地分布广泛,盐碱化程度严重,土壤条件不利于植物生长;另外,山西省是我国能源重化工基地,尤其是长时间、大规模、高强度的煤炭开采,带来了植被破坏及生物多样性减少等生态环境问题,加剧了困难立地的分布,对山西省可持续发展构成了极大的威胁。因此,矿区生态修复成为山西省转型和可持续发展的必然之路。

　　土壤微生物是陆地生态系统的最重要的生命组分,是物质循环与转化、能量流动的过程中最核心的环节。土壤微生物是驱动养分循环的关键因子,且对矿区植被的稳定性和自我更新能力具有重要作用。作者对土壤微生物的基本概念,矿区生态修复进程中微生物群落的功能,植被-土壤养分-微生物间相互作用进行了介绍,并以黄土高原矿区生态修复进程中,微生物数量、基因和功能多样性、群落结构演替为例进行了详尽的介绍,为山西省及相邻的陕蒙矿区生态修复中植被配置、牧草播种量、施肥模式以及复垦过程中生态管理等方面提供了科学支撑。

感谢国家自然科学基金面上项目"煤矿区修复中外生菌根真菌对土壤碳库的作用机制"(项目批准号:41771548)和山西省重点研发计划(社会发展领域)项目"困难立地外生菌根-植物修复关键技术与应用研究"(项目批准号:201803D31024)对本书出版的大力支持和帮助!

由于作者水平有限,书中难免存在不足之处,敬请批评指正。

作者

2018 年 12 月

目　　录

第一章　序言 …………………………………………………………………… 1

　　第一节　恢复生态学的基本概念 ……………………………………… 2

　　第二节　土壤质量的基本概念 …………………………………………… 2

　　第三节　微生物生态学的基本概念 …………………………………… 3

　　参考文献 ………………………………………………………………… 4

第二章　土壤有机碳氮 ………………………………………………………… 5

　　第一节　土壤有机碳及其影响因子 …………………………………… 5

　　第二节　土壤氮及其影响因子 ………………………………………… 15

　　第三节　土壤碳氮测定方法 …………………………………………… 17

　　第四节　矿区复垦地土壤理化性质 …………………………………… 17

　　参考文献 ………………………………………………………………… 26

第三章　土壤微生物量 ………………………………………………………… 41

　　第一节　土壤微生物数量 ……………………………………………… 42

　　第二节　土壤微生物生物量 …………………………………………… 50

　　第三节　土壤微生物丰度 ……………………………………………… 52

　　参考文献 ………………………………………………………………… 61

第四章　土壤微生物多样性 …………………………………………………… 64

　　第一节　变性梯度凝胶电泳 …………………………………………… 65

　　第二节　末端限制性片段长度多态性 ………………………………… 68

　　第三节　高通量测序 …………………………………………………… 74

　　参考文献 ………………………………………………………………… 77

第五章　土壤微生物群落 ……………………………………………………… 80

　　第一节　垂直分布 ……………………………………………………… 81

第二节　海拔梯度分布 …………………………………………… 82

第三节　不同区域尺度分布 ……………………………………… 82

第四节　土壤微生物群落测定方法 ……………………………… 83

第五节　土壤微生物群落演替和驱动 …………………………… 84

参考文献 …………………………………………………………… 90

第六章　土壤微生物功能 ……………………………………… 94

第一节　土壤酶活性 ……………………………………………… 94

第二节　土壤微生物功能多样性 ………………………………… 96

参考文献 …………………………………………………………… 100

第一章 序 言

　　我国95％以上的能源、80％以上的工业原料、70％以上的农业生产资料都来自矿业。矿产资源的开采利用,在促进我国社会经济快速发展的同时,不可避免地产生了环境污染、生态资源破坏以及地质灾害等生态环境问题。矿区废弃地造成地表裸露、废弃物覆压地表、地表沉陷和相关设备引发的地表破坏,通常还会导致进行修复的胁迫环境;同时,维持生态健康的关键因子包括土层和结构、土壤微生物群落和营养循环都会遭到破坏,从而导致植被和土壤结构破坏;废弃物堆积造成重金属累积、土壤沙化、干旱化、板结化和贫瘠化等负效应(Kundu et al.,1997)。目前,我国因矿产资源过度开发等人为因素造成的废弃土地约1.3×10^9 hm²,其中80％以上没有得到恢复利用,矿山生态环境破坏和污染呈严峻的态势(郭利刚等,2010)。

　　山西省是我国主要的采煤大省,煤炭分布面积占全省总面积的36.5％,遍及85个县市,现有各类煤矿7 000余个,采煤破坏土地总面积为1.15×10^5 hm²,其中采煤塌陷面积为1.11×10^5 hm²,占96.5％;在采煤塌陷破坏的土地中,耕地面积为4.7×10^3 hm²。全省矸石山总面积为911 hm²,已治理绿化105 hm²,占11.5％(不含县市级以下小煤矿),尚未治理的806 hm²,占88.5％(张补元,2009;蔡登谷,2008)。煤炭是山西省重要的基础能源和原料,在经济中具有重要的战略地位,一次能源结构中,煤炭将长期是山西省的主要能源。为促进山西省煤炭工业持续发展,以保障煤炭开采生态环境恢复治理工作有序进行,建立煤炭开采生态恢复补偿机制,构建煤炭开采环境污染与生态破坏防治机制,加强矿区生态环保能力建设,2007年开始山西省实施煤炭开采生态环境恢复治理规划。"绿水青山就是金山银山",在十九大报告中习总书记提出:"要加大生态系统保护力度。实施重要生态系统保护和修复重大工程,优化生态安全屏障体系,构建生态廊道和生物多样性保护网络,提升生态系统质量和稳定性。"因此,有必要对山西省矿区生态修复的理论和应用研究进行总结。

第一节　恢复生态学的基本概念

自 20 世纪 40 年代以来,恢复生态就成为人类所关注的热点问题之一,它与人类社会的持续发展紧密联系在一起。恢复生态学(Restoration Ecology)是在 1985 年由美国学者 Aber 和 Jordan 提出,在 1987 年出版的 *Restoration Ecology,A Synthetic Approach to Ecological Research* 著作中,恢复生态学被初步确定为生态学的一门新的应用性分支。恢复生态学的定义为研究生态系统退化的原因、退化生态系统恢复与重建的技术和方法及其生态学过程和机理的学科。对这一定义的异议较少,但对其内涵和外延有着不同的认识,归纳起来主要有三类观点。

(1) 强调恢复的最终状态。如 Cairns(1995)认为生态恢复是使受损生态系统的结构和功能恢复到受干扰前状态的过程;Egan(2001)认为生态恢复是重建某区域历史上有的植物和动物群落,而且保持生态系统和人类的传统文化功能的持续性的过程。

(2) 强调恢复的生态学过程。余作岳等(1996)提出恢复生态学是研究生态系统退化原因、退化生态系统恢复与重建技术与方法、生态学过程与机理的科学。

(3) 强调恢复的生态整合性生态恢复,是研究生态整合性的恢复和管理过程的科学,生态整合性包括生物多样性、生态过程和结构、区域及历史情况、可持续的社会实践等广泛的范围(Jackson et al.,2000)。

在矿区生态修复中,我们更关注的是矿区生态修复需达到植物生长和土壤微生物代谢间营养循环平衡(Singh et al.,2004;Kavamura et al.,2010),而土壤结构和容重均会直接影响恢复植被群落的稳定性,从而影响上述平衡过程的建立。废弃地恢复的目标是提高堆积废弃物的稳定性、控制污染、改善景观和消除对人类的危害,生态修复方案实施应考虑到土壤结构和肥力、微生物群落、表层土管理以及营养循环。

第二节　土壤质量的基本概念

土壤是陆地生态系统的重要组成部分,是农业生态系统的基础。从生态学的观点看,土壤具有三方面的功能:土壤是食物、纤维和可再生生物能源物质的生产基地;土壤是人类生活环境的过滤器、缓存器和转化器;土壤是人类和多数生物的居所。关于土壤的记录最早见于我国的《尚书·禹贡》和《管子·地员篇》。《尚书·禹贡》根据土色、质地和水文等,将当时的土壤分为黄壤、白壤、赤埴垆、白坟、黑坟、坟垆、涂泥、海滨广斥及青黎等九类,这是世界上最早的土壤分类记载。《管子·地员篇》将土壤分类更为详细,根据土色、质地、结构、孔隙、结聚、有机质、盐碱性等肥力因素,将土壤分为十八类,每类又分为五级,即所谓"九州之土凡九十物"。

土壤质量的概念是在人口对土地压力增大,人类对土地资源过度开发导致土壤资源的严重退化,并对农业可持续发展造成严重威胁的情况下提出来的。土壤质量的定义为土壤提供食物、纤维、能源等生物物质的肥力质量,土壤保持周边水体和空气洁净的土壤环境质量,土壤容纳消解无机和有机有毒物质、提供生物必需的养分元素、维护人畜健康和确保生态安全的土壤健康质量的综合量度,即土壤质量是土壤肥力质量、土壤环境质量和土壤健康质量的综合量度的概念。

土壤质量研究的核心内容是研究土壤维持生产人类必需食物与纤维等生物物质的数量和质量的能力——土壤肥力质量的演变机制和调控措施;研究土壤对水资源的数量、质量,温室气体排放以及人居环境的影响——土壤环境质量的演变机制和调控手段;研究土壤对有毒物质的消纳净化的能力、人畜健康必需元素的数量、转化和有效性影响机制——土壤健康质量的演变规律等。对矿区生态修复更注重土壤肥力质量和健康质变的演变机制和调控措施。

第三节　微生物生态学的基本概念

人类对微生物的认识和利用最早开始于蘑菇和酒的发酵,真菌可被肉眼发现,因此对于土壤微生物的研究,最早开始于对真菌的认识和研究。列文虎克发明了显微镜后,人们对土壤细菌逐步展开研究,对土壤细菌的研究最早主要集中在氮代谢的微生物,尤其是与豆科共生的固氮菌,在 1910 年 Lohnis 首次提出细菌是土壤肥力和降解的主要参与者。随着分子生物学的发展,可大量获取微生物的遗传信息,从而在微生物的数量、种类、群落和功能等方面的研究得到了快速的发展。

微生物生态学是一门研究微生物群体与其周围生物和非生物环境条件间相互作用规律的学科。对微生物的分布规律的研究有利于发掘丰富的菌种资源;对微生物与其他生物间相互关系的研究有助于开发新的微生物肥料、农药和生态制剂,为病虫害防治提供理论依据;对微生物在自然界物质循环作用的研究,可为土壤肥力提高、环境污染治理和生物能源开发等提供科学基础。土壤具备了各种微生物生长发育所需的营养、水分、空气、pH、渗透压和温度等条件,是微生物生活的良好环境,因此土壤是微生物的"天然培养基"和"大本营",是最丰富的菌株资源库。1 g的耕作层土壤各种微生物数量之比大体上有一个10倍递减规律:细菌(约10^8)>放线菌(约10^7)>霉菌(约10^6,孢子)>酵母菌(约10^5)>藻类(约10^4)>原生动物(约10^3)。土壤微生物几乎直接或间接地参与了所有的土壤过程,是使土壤具有生命力的主要成分,在土壤形成、物质转化与能量传递过程中发挥着重要作用,与土壤肥力和健康质量密切相关,是评价土壤质量的重要指标。

参 考 文 献

CAIRNS J J, 1995. Restoration ecology [J]. ENCYCLOPEDIA OF ENVIRONMENTAL BIOLOGY(3):223-325.

EGAN D, 2001. A New Acid Test for Ecological Restoration [J]. ECOLOGICAL RESTORATION,19(4):205-206.

JACKSON R B,SCHENK H J,JOBBAGY E G,et al, 2000. Belowground consequences of vegetation change and their treatment in models [J]. ECOLOGICAL APPLICATIONS,10(2):470-483.

KAVAMURA V N, ESPOSITO E, 2010. Biotechnological strategies applied to the decontamination of soils polluted with heavy metals [J]. BIOTECHNOLOGY ADVANCES,28(1):61-69.

KUNDU N K,GHOSE M K, 1997. Shelf life of stock-piled topsoil of an opencast coal mine[J]. ENVIRONMENTAL CONSERVATION,24(1):24-30.

SINGH A N, RAGHUBANSHI A S, SINGH J S, 2004. Comparative performance and restoration potential of two Albizia species planted on mine spoil in a dry tropical region, India[J]. ECOLOGICAL ENGINEERING, 22(2):123-140.

蔡登谷,2008.关于山西矿区复垦的考察报告[J].林业经济(4):36-38.

郭利刚,白中科,王金满,等,2010.西南丘陵井工煤矿区破坏土地复垦措施分析——以贵州省黔西县青龙煤矿为例[J].资源与产业,12(4):79-84.

余作岳,彭少麟,1996.热带亚热带退化生态系统植被恢复生态学研究[M].广州:广东科技出版社.

张補元,2009.山西矿区生态恢复初探[J].山西水利(2):43-44.

第二章　土壤有机碳氮

自工业革命以来,由于工农业的快速发展,交通运输业、城市化进程导致的水体、大气污染、土地退化、气候变化等生态环境的变化已从局部扩展至全球范围,通常把这些变化叫作全球变化。全球变化的核心问题是全球变暖,原因一般被认为是 CO_2 等温室气体的过度排放,主要是由化石燃料的大量燃烧、盲目毁林、围湖造田等造成的,目前已引起国际社会的广泛关注,联合国已采取一系列措施来减少 CO_2 的排放。1992 年 6 月正式签署的《联合国气候变化框架公约》,标志着 CO_2 减排被正式提上日程。1997 年在日本召开的缔约方大会上签署了《〈联合国气候变化框架公约〉京都议定书》,于 2005 年生效,议定书以法律形式规定了发达国家排放 CO_2 等温室气体的限额,确定了联合实施、碳排放贸易和清洁开发机制三种减排机制。自此,各国都加大了对碳排放以及碳循环方面的关注和研究,我国也借此契机大力发展新能源,研究节能减排新技术,进入了碳贸易时代。但是我国目前在碳汇的界定、碳循环机制等基础研究方面还很薄弱,需要大量科研工作的支持。

黄土高原是我国土地退化面积最大的区域之一,生态环境脆弱,植被遭到大量破坏,水土流失严重,已经显著影响到人们的日常生活。植被恢复过程改变了土壤的理化性质,使养分和水分重新回到土壤中,土壤质量得到逐步的提高。研究不同植被类型下土壤养分和微生物群落的差异对于黄土高原地区植被恢复的树种配置和施肥管理等具有重要意义。近年来,山西省加大了退耕、禁牧、封山、人工种草、种树力度,但整体上效果并不佳,造林成活率低、保存率低、林木生长率低的"三低"问题仍十分突出。

第一节　土壤有机碳及其影响因子

自工业革命以来,化石燃料燃烧等人类活动对生物圈的影响已从区域扩展到全球,特别是大气中 CO_2、CH_4 和其他温室气体浓度逐年增加。大气中 CO_2 的年平均浓度从过去 42 万年中的 $180\sim300\ \mu L/L$(Petit et al.,1999)上升到目前的 $370\ \mu L/L$(NOAA / CMDL,2002;Wang et al.,2002)。而大气中 CH_4 的浓度在过去三百年间大致以指数形式增加,近年来每年大约以 0.15％的速率递增(Davidson et al.,1993)。大气 CO_2 和 CH_4 参与碳循环过程的主要碳库包括大气、海洋、陆地生物圈、土壤和沉积物。通过了解人为 CO_2 和 CH_4 在当前全球变化背景下的归宿可知,陆地生态系统碳循环对全球碳平衡起着重要的作用。土壤是陆地生态系统的核心之一,土壤有机碳(Soil Organic Carbon,SOC)库是陆地碳库的主要组成部分,在陆地碳循环研究中有着重要的作用。

20 世纪 80 年代开始实施的国际地圈-生物圈计划(IGBP)使各国日益重视全球环境变化问题。全球变化研究引起了许多科学家对陆地生态系统中碳平衡以及碳存储和分布的关注,全球约有 1 500 Gt 碳以有机质形式储存于土壤中,是陆地植被库的 2～3 倍,所以土壤有机碳的分布及其转化日益成为全球有机碳研究的热点(Ross et al.,2002;Petit et al.,1999;Silver et al.,2010)。同时土壤有机碳储量大和驻留时间长使土壤成为一个巨大的碳库(NOAA / CMDL,2002),所以土壤有机碳库储量的较小的变化都可以通过向大气排放温室气体直接导致 CO_2 浓度升高,以温室效应影响全球气候变化,同时全球变暖的一个反应就是将加速土壤有机质的分解,向大气释放碳素,这将进一步加强全球变暖的趋势(Wang et al.,2002),这种趋势将影响到陆地植被的养分供应,进而对陆地生态系统的分布、组成、结构和功能产生深刻的影响。

土壤有机碳含量及其变化是土壤质量与土壤持续能力的重要表征(Sedjo,1993),而且土壤有机碳在很大程度上影响土壤结构的形成和稳定性、土壤的持水性能和植物营养的生物有效性以及土壤的缓冲性能和土壤生物多样性等。

由于土壤有机碳在陆地生态系统中的重要作用、巨大的储量以及其对环境和农业生产的重要作用,因而了解土壤碳循环是研究陆地生态系统碳循环的基础,确定土壤有机碳的储量、空间分布、影响碳储量变化的因素,对维持生态环境和农业经济的持续发展具有重要意义。

一、土壤有机碳储量及其空间分布的研究进展

土壤有机质包括动物、植物残体及其部分分解产物,微生物的代谢产物及其遗体和腐殖质。早期对土壤有机碳储量的计算是根据土壤剖面资料进行研究的,从 20 世纪 80 年代开始,土壤有机碳的储量研究一般按土壤类型、植被类型、生命带法、模型法来做统计。近几年,开始利用 GIS 技术从区域尺度上描述土壤有机碳储量在土壤库不同层次的属性特征及其空间分布(Dixon et al.,1994;Houghton et al.,1998)。土壤有机碳储量方面的部分主要研究结果如下:Bohn利用土壤分布图和相关图样的有机碳含量,推算出全球 1 m 厚土层的土壤有机碳为 2 949 Gt(Janetos,1996),在 1982 年根据 FAO 土壤图的 187 个剖面土壤密度值,重新估计的全球土壤有机碳库为 2 200 Gt(Malhi Ybaldocchi et al.,2010)。Post 等按生命样带方法研究,根据可反映全球主要生命带的 2 696 个土壤剖面,计算出全球 1 m 厚度土壤的土壤有机碳为 1 395 Gt(Oberthür et al.,1999)。Batjes 将世界土壤图划分为 0.5°网格基本单元,根据 WISE(World Inventory of Soil Emission Potentials)和 FAO(Food and Agriculture Organization)提供土壤剖面的信息,计算出的结果为全球 1 m 厚的土层有机碳为 1 462～1 548 Gt(Delcourt et al.,1980)。也有根据其他方法而获得关于土壤有机碳储量的不同结果,目前被普遍认可的为 1 400～1 500 Gt。

　　国内关于土壤有机碳储量的研究比较晚。但经过两次全国性的土壤普查,积累了大量土壤属性数据,我国一些学者开始了对土壤碳的含量及其空间分布的研究。如李克让等(2003)应用 0.5°网格分辨率的气候、土壤和植被数据驱动的生物地球化学模型估算了当前中国植被和土壤的碳储量,结果表明,中国陆地生态系统植被和土壤总碳储量分别为 13.33 Gt 和 82.65 Gt。关于中国陆地有机碳总储量的研究所报道的结果差异较大,如方精云等粗略估算了 1 m 厚度土壤有机碳的结果为 185.7 Gt,约占全球总量的 12.5%(方精云等,2007);王绍强等根据中国第一次土壤普查得到的土壤各类型分布面积、采样数据、土壤有机质含量,运用 GIS 技术来估算土壤碳库,中国陆地生态系统土壤有机碳总量为 100.18 Gt(王其兵等,1998)。由于王绍强等(2002)采用土壤采样剖面数据中土壤的厚度不一,不同厚度土层的有机质含量也是不同的,而且大部分厚度不到 1 m,正因为计算的土壤厚度没有采用 1 m 的标准,因此其计算结果低得多。

　　土壤有机碳储量在土壤库不同层次的属性特征及其空间分布方面的研究表明:大量的有机碳储存于高纬度地区。而在热带地区,由于高温和大的降雨量,对有机质的冲刷、渗漏以及分解等作用强度大,从而加快了有机质循环,土壤有机碳的截存小,储量也在减小。但在有些热带地区也有比较高的有机碳储量,例如 Malaysia,Sumatra 等地区的土壤有机碳储量也比较大。在纬度高的冻原地区,生物生产量虽然很低,但由于寒冷分解受到限制,其土壤含碳密度以及土壤有机碳储量都高。沼泽、湿地等生态系统,因水分过多限制了土壤有机质的分解,从而在该系统中土壤有机碳也较高(李忠佩等,1998)。森林生态系统为地球陆地生态系统中最大的碳储库,全球森林土壤有机碳占全球土壤有机碳库的 70%左右,温带森林生态系统中 60%的碳以土壤有机质存在(Wilcox et al.,2002;李意德等,1998)。Lacelle 通过建立数字化土壤图和 15 000 个土壤斑块组成土壤景观及土壤有机碳含量的数据库,计算出加拿大 0～30 cm 土层厚度土壤有机碳为 72.8 Gt,1 m 厚度土壤有机碳为 262.3 Gt(Prichard et al.,2000)。

　　我国的土壤有机碳的空间分布情况为:主要储存于热带、亚热带红黄壤和东北森林土壤中。东北地区土壤有机碳储量最高,这是由于该地区植被茂密,气候湿润,有机质主要以地表枯枝落叶的形式进入土壤,土壤表层的腐殖质积累过程十分明显,而且全年平均气温较低,地表常有滞水,土壤有机质分解程度低,使土壤有机碳积累很高。青藏高原东南部及四川西部所在地形主要为高山带上部平缓山坡、古冰渍平台和侧碛物、冰水沉积物及残积—坡积物为主,气候寒冷而较湿润,地表植被多低矮但丰富,有机物分解速度极为缓慢,草皮层和腐殖质层发育良好,进行着强烈的泥炭状有机质的积累过程,因此这些地区的土壤有机碳储量也比较高(Gulledge et al.,2000;Powers et al.,2002;Borchers et al.,1992;Banfield et al.,2002)。

许多研究发现,在人类有史以来的土地利用变化中,热带森林土壤碳库是最不稳定的,而高纬度的冻原地区土壤碳库可能对正在加剧的全球变化最为敏感,因而温带森林土壤和农业土壤是大气 CO_2 浓度的主要可能调节者。

二、影响土壤有机碳储量的因素

土壤有机碳的平衡受气候、植被等多种自然因素和毁林、燃烧植物和土地利用方式等人为因素的影响。这些因素之间的相互作用,对于影响土壤有机碳储量的自然因素和人为因素,以及土壤有机碳向大气的排放,土地利用方式对土壤有机碳转化的影响等,成了研究的热点。

(一)自然因素的影响

土壤中的有机碳量是进入土壤的植物残体量以及在土壤微生物作用下分解损失的平衡结果。在自然条件下,植物枯枝落叶物进入量是由植被类型决定的,而植被类型受气候条件如温度、水分等因素制约;同时,有机物质在土壤中的分解速率也受土壤水分和温度控制。温度和降雨的综合作用决定了陆地土壤碳密度分布的地理地带性,研究表明,陆地土壤碳密度一般随降水增加而增加,在相同降雨量时,温度越高则碳密度越低,因为温度升高会加快土壤有机碳的分解(Chen et al.,2003;Cregg et al.,2001)。温度每升高 1 ℃,全球将有 11~34 Gt 土壤有机碳分解,并产生排放温室气体(Barton et al.,2001)。Goran 等报道,如果温度升高 4 ℃,在瑞典的森林土壤中每年将增加 0.9 Tg 碳的释放(Thoroley et al.,2000)。对陆地不同生命带碳密度的研究表明,冻原的碳密度可达到 36.6 kg/m² ,而干旱高温的暖温带沙漠平均土壤碳密度只有 1.4 kg/m²。

植被类型不同,有机物进入土壤的方式以及数量都有所不同,从而土壤有机碳的分布状况也有很大差异。森林中进入土壤的有机物质主要是地表的凋落物,一般在地表就已分解;而草原土壤有机碳的主要来源是残根,在土中较深,分解速率较小,所以草原土壤碳密度往往比森林土壤的高;而对于耕作土壤,由于作物秸秆在收获时移出、淋溶损失作用大等原因,其有机碳密度较森林和草原土壤都低(Yanai et al.,2003)。

土壤有机碳与不同径级的颗粒结合,形成了粗有机质、细颗粒状有机质和与土壤矿物质结合态存在,不同的结合状态的土壤有机碳的稳定性不一致。例如美国温带大草原土壤中,与大于 50 μm 粒径土粒结合的极细组分(细黏粒,或微生物碳)有机碳是相对易移动而可变的,而与粉砂和黏粒结合的有机碳相对稳定(Covington,1981)。Hassink 提出用土壤碳保持容量和土壤碳饱和差来描述土壤有机碳储存的潜力(Jackson et al.,2000)。土壤的 pH 值也影响土壤有机碳的储量,例如强酸性的土壤环境抑制了微生物的活动而使有机碳的分解速率减小。土壤结构以及土壤空气与水的运动对有机质的分解速率也有较大的影响。

(二)二氧化碳浓度升高对土壤有机碳的影响

CO_2 浓度的增加会刺激植物的光合作用,会提高地表植被的净第一性生产力(NPP);同时部分光合产物分配到植物根系,促进根系的生长和根分泌物的增加;进入地表枯落物的量也有增加,导致陆地生态系统土壤碳截存的增加。但是 CO_2 浓度的增加,会导致温度的升高,刺激微生物种群的增长,增加了微生物活性,而加速有机质的分解;同时气候变暖会使土壤呼吸作用加剧,会导致土壤有机碳含量的降低。由于这两方面的相互作用,因此对同一生态系统而言,单位面积内大气 CO_2 浓度的增加对土壤有机碳的影响作用并不明显(Black et al.,1995)。

同一生态系统内单位面积内 CO_2 浓度的增加对土壤有机碳的影响作用并不明显,但由于气候变化,植被地带要发生变化,不同生态系统的界线和面积将有较大的改变,各生态系统土壤碳库中的总碳量将有较大的变化,因此主要影响各生态系统土壤中碳量的是其面积的变化。各生命带在气候变化影响下,都有向北移动的倾向,因此,面积变化最明显的将是冻原地带和北方森林带,预计它们土壤中碳总量将有明显减少,而某些生态系统的碳总量,比如温带草原将有所增加(Nyland,2001;Kalbitz et al.,2000)。

关于 CO_2 浓度的增加对土壤有机碳储量的影响,还与土壤 N 的循环相关。在高 CO_2 浓度下,植物残体枯落物化学特征的变化,如植物体 C/N 比的增加,可能会使凋落物分解速率更慢,会降低土壤 N 的有效性,影响到长期碳的储存(Kelting et al.,1999)。同时大气 CO_2 浓度升高时,植物残体的分解速率也许主要受 N 的限制,而且大气 CO_2 浓度升高对土壤有机质分解效应的大小和方向,受土壤中 N 的含量的影响。因此需要研究 CO_2 浓度升高对土壤有机碳的影响,有必要对土壤 N 循环进行研究(Wagenet et al.,1997)。

（三）土地利用/覆盖变化对土壤有机碳的影响

在人类的干扰下，土壤碳的平衡会被破坏，土壤碳储量也受到了影响，从草原变为人造林和农田、从原始林转为人造林和农田，土壤碳储量都会下降。从原始林、人造林和农田转为草原，以及从农田转为人造林和次生林的时候，土壤碳储量是提高的。下面介绍利用方式改变对土壤有机碳储量改变的影响（Schoenholtz et al.，2000；Wagenet et al.，1997）。

人类活动影响着土壤碳库和碳循环，其中森林采伐和垦殖的利用方式是将自然植被转变为耕地，其影响最严重。根据 Johnson 对十几项研究的综合比较，森林采伐后地表生物质大量增加，但矿质土壤中的碳含量变化各异。在多数情况下，森林采伐后土壤碳含量没有明显的变化（Parker et al.，2001）。个别的研究发现，在采伐后短期内土壤中的有机碳含量有所增加，这是因为大量的采伐残留物留在林地，经分解和淋溶作用而使土壤碳增加。不少研究表明，采伐后紧接着进行农业垦殖会使土壤碳含量迅速减少，如果林地完全破坏后，1 m 厚土层内有 25%～30% 的土壤有机碳损失。草地开垦同样会导致土壤有机碳的大量释放，会损失掉原来土壤中碳素总量的 30%～50%（Fernandez et al.，1993）。开垦几乎在所有情况下都会造成自然生态系统土壤有机碳含量的降低，热带地区矿化快，0～30 cm 的土层有机碳降低 50% 需要 10 年，而温带地区需要 50 年。我国河北坝上地区简育干润均腐土开垦 8 年后，0～20 cm 的土层有机碳含量从 21.2 g/kg 下降到了 9.6 g/kg，开垦 50 年后下降到了 5.7 g/kg（Magill et al.，2000）；内蒙古草甸草原植被下的黑钙土不同层次有机碳因农垦损失 35% 左右（Resh et al.，2002）。Brown 等（1992）的研究表明，森林采伐后如转化为牧场，其土壤碳含量基本不变或有所增加，原因可能是草根的生长率高，原始林采伐后营造人工林，土壤碳恢复过程比次生林要快。Schauvlieghe 等（1999）认为，土壤碳累积得快慢主要取决于树种和环境因子。

烧山或林地生物质焚烧是热带和亚热带林区普遍采用的一种作业方式，这些都对土壤有机碳的含量有影响。林地生物质焚烧会使 CO_2 直接向大气排放，但是由于产生大量木炭，其化学性质是比较稳定的，因而生态系统的贮碳能力反而增加了。就林地生物质燃烧对土壤碳含量的影响而言，在不同情况下差别很大，这取决于火烧的频率和强度。经观测证明，在燃烧过的林地上土壤有机质 25 年以后没有什么大的变化（Johnston et al.，1996）。观测了澳大利亚辐射松林地，在大火后 24 年，从土壤表面到 60 cm 深层碳含量仍然比未燃烧的对照林地低 40%～50%（Akala et al.，2015）。但是有些报道表明，大火对土壤碳含量并没有大的影响。造林前整地对土壤碳储存量的影响是很大的。根据 Johnson 收集的资料，造林前整地通常会使森林土壤的碳储存量减少，但其程度决定于土壤受干扰的程度。当然,如果整地包括把林地剩余物埋入土中,则土壤碳储存量会显著增加(Pouyat et al.,2002)。

过度放牧是人类对草地生态系统中土壤有机碳储量最强大的影响因素,在全世界草地退化总面积中,约有 35% 是由于过度放牧造成的(Mcdonnell et al.,1997)。过度放牧可使草地初级生产固定碳素的能力降低,同时减少了植物凋落物向土壤的输入。赵哈林等(1997)研究,内蒙古科尔沁沙地连续重牧 5 年牧草产量降低 40%～98%。李凌浩等(2000)研究,近 40 年来,过度放牧致使内蒙古锡林河流羊草草原 0～20 cm 土层的有机碳贮量下降了约 12.4%(Mcguire et al.,2002)。

轮作也是影响土壤有机碳储量的一个重要因素,这是因为轮作会使土壤的物理、化学以及生物的性能下降。Zhang 等报道的关于中国冷杉的轮作对土壤有机碳影响方面的研究发现,在第一、二茬间土壤有机碳降低了 10%,在第二、三茬间降低了 15%(Nisbet,2002)。

三、土壤活性碳的研究进展

目前,对活性有机碳的定义一般被认为是:在一定时空条件下,受植物、微生物影响强烈,具有一定溶解性,且在土壤中移动较快、不稳定、易氧化、易分解、易矿化,其形态和空间位置对植物和微生物有较高活性的那部分土壤碳。用不同的试验方法来提取活性碳,我们可以获得活性碳不同的表征。目前国内外常见的有:微生物量碳(microbial biomass carbon)、溶解性有机碳(dissolved organic carbon)、易氧化碳(labile organic carbon)、易矿化碳(potentially mineralizable carbon)、有效碳(available carbon)、轻组有机碳(light fraction organic carbon)、热水浸提有机碳(hot-water extractable carbon)等。研究最多的是微生物量碳和溶解性有机碳。

目前大多数研究是从影响活性有机碳的因素方面来展开:

(1)土地利用方式:一些研究表明常绿阔叶林活性有机碳含量高于针叶林。吴建国等(2004)对六盘山林区研究的结果表明,天然次生林和人工林的活性有机碳分别比农田高 60% 和 129%,比草地分别高 36% 和 29%;华娟等(2009)研究不同草地群落的活性炭含量,发现从高到低依次为:长芒草群落>大针茅群落>铁杆蒿群落>百里香群落>退耕草地>坡耕地;何鹏等(2006)研究发现疏林地的活性有机碳最高,荒草地次之,坡耕地最低。

(2)施肥措施:大多数研究结果已证实有机肥和无机肥混施对活性有机碳的提高效果要远大于单独施肥(姜培坤等,2005;李辉信等,2008)。

(3)土壤侵蚀:一些研究表明表层土壤的 WSOC 和 MBC 含量会因土壤侵

蚀而显著降低,原因是土壤侵蚀导致微生物活性和碳矿化潜力的增加(方华军等,2006)。侵蚀环境下的坡耕地撂荒后,有机碳和活性有机碳的含量显著提高(戴全厚等,2008);贾松伟等(2007)认为随坡度(≤20°)增加活性碳流失量也增加。

(4)季节变化:张剑等(2009)研究发现几种典型植被类型活性有机碳的季节变化规律因植被类型的不同而不同;徐侠等(2009)对不同海拔高度林分的活性有机碳季节变化研究表明,夏季最高,冬季最低。

(5)种植制度和轮作方式:洞庭湖区的活性有机碳含量均以旱地最低,DOC含量以水旱轮作地的最高,MBC含量以双季稻水田的最高(黄伟生等,2006);王晶等(2008)认为免耕和秸秆覆盖可以显著提高有机碳和活性有机碳含量;同时秸秆的使用方式会显著影响有机碳和活性碳含量(于建光等,2007)。

(6)温度:气候变暖可以显著增加活性碳、氮库的含量;活性碳和顽固性碳对温度变化的敏感性相同。

(7)剖面深度:大部分研究证实随着土壤深度的增加,活性有机碳含量下降;但一些研究有所不同,姜培坤等(2005)研究表明水溶性有机碳随土壤深度加深而上升;高俊琴等(2006)发现随土壤深度增加,泥炭土的活性有机碳含量无明显变化。

(8)其他:戴全厚等(2008)认为禁封年限对阳坡和阴坡的有机碳和活性有机碳含量影响不尽相同,阳坡随年限增加而增加,而阴坡前5年显著增加,15年后增幅缓慢;李玲等(2008)研究表明添加葡萄糖和稻草,对旱地和稻田MBC都有显著增加效果,但只对稻田的DOC有影响;万忠梅等(2008)认为土壤活性有机碳含量受土壤酶活性显著影响;Rovira等(2002)对四种植被活性碳、氮库随分解过程的变化研究发现,RIC在分解过程中不同植被有不同程度增加,而RIN在所有植被中都大幅增加。

四、关于土壤碳矿化的研究进展

土壤碳矿化是碳循环的重要环节之一,主要指受土壤微生物驱动,由土壤酶介导,分解和利用土壤中活性有机组分来完成自身代谢,同时释放出 CO_2 的过程,是土壤中重要生物化学过程,直接关系到土壤中养分元素的释放与供应、温室气体的形成及土壤质量的保持等(Watson et al.,2017;李忠佩等,2004)。同时,土壤碳矿化与全球气候变化之间存在着反馈关系,因此土壤碳矿化成为研究全球变化的热点问题之一。

土壤碳矿化早期研究主要从土壤肥力角度考虑,随着对气候变化问题的广泛关注,环境因子、土壤碳储量、土壤活性碳库、土壤微生物区系及其他影响因子对土壤碳矿化影响机制成了研究的主要内容（Trumbore,2006）。温度是影响土壤碳矿化的最重要环境因子之一,土壤碳矿化随着温度的升高而加快（Ruffo et al.,2003；Sleutel et al.,2005）,Rinnan 等（2007a）研究温度对亚北极区石南树丛土壤碳矿化发现,温度升高导致土壤碳矿化加快主要原因是温度升高可改变微生物营养源（Rinnan et al.,2007b）,从而加快微生物新陈代谢,但微生物数量并未发生大的变化,这可能是由于诸如线虫以微生物为食的动物数量增加；Cayuela 等（2008）研究发现相对于较高温度,温度较低时其变化对土壤碳矿化速率的影响更为明显；为深入理解温度与土壤碳矿化间动力学关系,包括零阶、一阶、二阶和莫诺动力学模型被用于拟合温度与土壤碳矿化间关系（Ruffo et al.,2003；Sleutel et al.,2005；Aslam et al.,2008）。

土壤水分也是影响土壤碳矿化重要的环境因子之一。在低于土壤最大持水量时,随着土壤水分降低土壤碳矿化而减慢（Goebel et al.,2007；Lamparter et al.,2009）,这是由于土壤水分降低会导致土壤团聚体稳定性增加（Kuka et al.,2007）,使有机碳在空间上减少了与微生物及其降解酶的接触概率,受到了物理防护而间接影响碳循环（Goebel et al.,2007）。已往研究在关于淹水对土壤矿化速率的促进或抑制作用上还存在分歧,Sahrawat（2004）研究发现在淹水土壤中,由于嫌气条件下土壤有机质的分解速率下降,而土壤碳矿化速率下降；Bridgham 等（1998）的研究则表明,淹水可使湿地氮、磷矿化速率下降,但碳矿化速率在淹水与非淹水条件下几乎相等。

土壤碳通量主要取决于对土壤微生物及酶活性较为敏感的易降解碳含量（Falloon et al.,2000）,目前研究表明土壤碳矿化与水溶性碳、轻组碳、酸易降解碳、微生物碳等不同类型活性碳及有机碳间基本上呈正相关,但在不同的研究中相关程度有所差异,例如在佛罗里达北部沙质土壤碳矿化和活性碳的研究结果表明,土壤碳矿化与有机碳、水溶性碳和酸降解碳间的相关系数分别为 62%、59%和 35%；Leinweber 等（1995）发现土壤碳矿化与热水浸提碳间的相关性最大；Mclauchlan 等（2004）报道土壤碳矿化与酸降解碳含量间最为显著。另有研究报道土壤碳矿化与碳氮比呈负相关（Khalil et al. 2005；Lamparter et al.,2009）,土壤碳矿化速率会随着土壤中难降解的碳黑含量升高而有所下降（Liang et al.,2008）。

关于枯落物和有机肥施入对土壤碳矿化影响的研究表明,枯落物和有机肥均会显著地增大土壤碳矿化速率和累计矿化量,这是由于枯落物和有机肥中有机碳使得碳矿化底物量增加,底物诱导效应被激发从而加速了土壤碳矿化（Khalil et al., 2005；Rinnan et al.,2007a；Cayuela et al.,2008）。污泥中含有大量有机质,因此常被作为有机肥施用,研究发现添加紫外处理和未处理污泥、甲醇、菲和蒽的土壤碳矿化显著提高,但各处理间并无显著差异(Barajas-Aceves et al.,2002)。

有关土壤被农药和重金属等污染后,土壤碳矿化变化趋势的研究也有报道。耕地和草地分别喷洒不同剂量的杀真菌剂后,发现杀真菌剂对耕地土壤碳矿化无显著影响;低剂量杀真菌剂对草地土壤碳矿化产生抑制效应,而高剂量杀真菌剂的效应相反(Cernohlavkova et al.,2009)。重金属污染土壤后,因重金属种类及浓度的不同而对土壤碳矿化的效应有所不同(Kalbitz et al.,2008)。此外,土壤类型、层次、颗粒径级组成和pH、植被类型和土地利用方式等影响土壤碳矿化方面的研究也有所报道(Khalil et al., 2005;Cayuela et al.,2008;Garcia-Pausas et al.,2008;Ahn et al.,2009;Lampapter et al.,2009)。

我国目前对土壤碳矿化的研究,从研究对象来看,农田生态系统(路磊等,2006;唐国勇等,2006)研究最多,其中主要集中于稻田(ZHANG et al.,2007;任秀娥等,2007;张薇等,2007;陈涛等,2008),次之为森林生态系统(王清奎等,2007;Zhao et al,2008;王红等,2008;周焱等,2008)和湿地生态系统(Xu et al.,2004;张文菊等,2005;刘德燕等,2008;杨继松等,2008),再次为草甸生态系统(吴建国等,2007a、2007b;艾丽等,2007),退化沙地(苏永中等,2004)等生态系统的土壤碳矿化的研究也有所报道。

从研究内容来看,土壤碳矿化与温度和水分间关系最受关注,目前研究表明随着温度升高,土壤碳矿化速率和累积矿化量会有所增大(杨继松等,2008),温度与土壤碳矿化速率间呈指数关系(任秀娥等,2007;王红等,2008),土壤碳矿化对温度的敏感性会因土壤颗粒组成(任秀娥等,2007)和水分不同而有所不同(王红等,2008);土壤水分是影响土壤碳矿化的另一个重要因子,有研究认为土壤水分与土壤碳矿化间呈线性相关(唐国勇等,2006;王红等,2008),在好气条件下稻田有机碳累积矿化量高于淹水条件(张薇等,2007),张文菊等(2005)在研究水分对湿地沉积物有机碳矿化的影响中发现,对于沼泽化草甸达到适宜水分后,土壤碳矿化不受水分增加的影响,矿化速率基本稳定,而泥炭沼泽超过适宜水分后,其土壤碳矿化对水分变化反应非常敏感,水分过多明显抑制其土壤碳矿化;在温度、湿度交互作用对土壤碳矿化影响的研究中发现,温度对土壤碳矿化量和矿化速率的影响比土壤湿度更大(吴建国等,2007a、2007b;艾丽等,2007)。

关于土壤微生物碳、可溶性碳等活性碳与土壤碳矿化间关系的研究表明,不同的活性碳均与土壤碳矿化速率及累积矿化量显著相关(王清奎等,2007;Zhao et al.,2008;陈涛等,2008),而关于有机碳含量对土壤碳矿化的影响报道并不一致,多数的研究表明有机碳含量与其矿化呈正相关(苏永中等,2004;Xu et al.,2004;戴慧等,2007;陈涛等,2008),而李忠佩等(2008)在有机碳含量与其矿化间关系的研究中发现,两种黄泥土土壤碳矿化量(包括日均矿化量和累计矿化量)的差异与有机碳含量并不相关。

施肥对土壤碳矿化影响的研究结果因肥料不同而有所差异,长期施肥对水稻土壤碳矿化影响的研究结果表明,不同的施肥均可以加大土壤碳矿化,其中秸秆还田、化肥配施有机肥处理的土壤碳矿化量显著高于不施肥处理(陈涛等,2008);而 Zhao 等(2008)发现有机肥施入会使土壤碳矿化速率降低;朱培立等(2001)研究无机氮对土壤碳矿化的影响,结果表明无机氮的施入对秸秆碳、土壤碳矿化均起到抑制作用;而磷输入加快了湿地土壤碳矿化(刘德燕等,2008)。

土壤碳矿化因植被群落和土地利用方式而有所差异,不同植被覆盖度、群落组成及其生态环境均会显著影响土壤碳矿化(苏永中等,2004;王清奎等,2007;周焱等,2008)。吴建国等(2004)在研究六盘山林区几种土地利用方式对土壤碳矿化影响的研究结果表明:天然次生林改造为农田或者草地时,其土壤碳矿化速率会下降,而在农田或草地上造林会导致土壤碳矿化速率增加。另外,土地利用方式不仅改变不同土壤层土壤矿化速率,而且不同土壤层土壤碳矿化速率分配比例也会有所差异。其中速率改变的幅度比分配比例改变的幅度大;在浙江天童山不同土地利用方式对土壤碳矿化影响的研究中发现,常绿阔叶林被其他植被类型取代后,土壤有机碳含量和矿化速率显著下降(戴慧等,2007);龚伟等(2007)在研究川南天然常绿阔叶林人工更新后,土壤碳矿化因枯落物质和量的差异而有所降低;在废弃地造林后,土壤碳矿化速率会显著下降(Zhao et al.,2008)。

土壤中参与碳代谢的 β-葡萄糖苷酶、淀粉酶、纤维素酶均可作为土壤碳矿化的良好指示酶(Xu et al.,2004);而土壤脲酶、磷酸酶和转化酶活性与土壤碳矿化间并没有直接的相关性(路磊等,2006)。CO_2 红外分析仪以及 ^{14}C 同位素标记(唐国勇等,2006)在土壤碳矿化中的测试与应用研究也有报道。关于土壤结构组成对土壤碳矿化(任秀娥等,2007)等其他方面的研究也有所报道。

第二节　土壤氮及其影响因子

黄土高原主要为第四纪黄土堆积形成,地理位置处于湿润、半湿润和西北干旱地区之间,受干旱多风的气候影响,土壤结构疏松,生态环境异常脆弱,土壤容易沙化。尤其是近代,由于人口增加,人类经济活动过度,加之开发利用不甚合理,忽视了保护和整治,使原有的自然生态系统遭到破坏,产生大量的水土流失,土地崩溃,形成植被破坏-水土流失-土地崩溃-植被破坏的恶性循环过程(盛彤笙等,1980;唐克丽,1990)。进而造成农业生产低而不稳,严重地影响了当地经济的发展和人民生活水平的提高,为了增加产量而大量氮肥被施用,但资源利用率低,使粮食生产陷入了增产不增收的困境。已有研究表明,黄土区大量施氮的农田土壤剖面已经出现明显的硝态氮的积累现象(樊军等,2000;郭胜利等,2000;袁新民等,2001;刘晓宏等,2001;杨学云等,2001),硝态氮在根区以下土层的无效积累,不仅影响氮肥的利用效率,而且可能造成生态环境问题,其中最可能的污染形式是 NO_3^- 淋溶进入饮用水(Francis et al.,1994;Whitmore,1996)或成为气体损失进入大气(Mckenney et al.,1995)。这已经成为破坏生态环境、制约农业可持续发展的重要因素。

解决生态系统脆弱和水土流失的根本措施是进行植被恢复工程,植被恢复与重建能够促进土壤的形成发育,使土壤的性质得到改善,土壤质量及肥力得到明显提高(黄和平等,2005)。然而在黄土高原地区造林成活率低、保存率低、林木生长率低的现象阻碍了植被恢复重建进程。林木生长与氮矿化将土壤中有机氮转化为植物可吸收的非有机氮关系密切(Kaye et al.,2003),因此对土壤氮周转状况进行研究,将有利于解决林木生长率低的问题。

目前关于土壤氮周转方面的研究更多地集中于温度和水分对氮矿化速率的影响,研究表明:在 5～35 ℃之间,氮矿化速率通常是随着温度升高而提高(Kätterer et al.,1998)。土壤水分在风干土吸湿水含量以上、最适水分以下时,氮矿化量与水分呈正相关,随水分增加氮矿化量呈近似直线的上升(Antonopoulos,1999),不同土壤的最适水分不同,水分与氮矿化间相关的近似直线变化的斜率也不同(唐树梅等,1997)。温度和水分对土壤氮矿化速率、矿化数量有明显的正交互作用,且二者的交互作用对氮矿化的影响更为显著(Wennman et al.,2006)。

同时,土壤氮周转还受植被恢复方式和微生物区系的影响,而且三者间相互作用并相互影响。目前国内外关于植被恢复方式、土壤氮转化及微生物区系间的研究,主要集中于两者之间相互影响的研究。

(1)不同植被恢复方式对土壤碳氮的影响。主要是对土壤碳氮储量方面的研究,研究表明:自然次生林的恢复方式通常优于人工林在提高土壤碳氮储量方面(Behera et al.,2003;Shi et al,2008;张文婷等,2008)。不同类型的人工林下枯落物的组分构成不同,返还到土壤中的质和量不同,输入土壤中有机碳和总氮的形式和数量不同(Rutigliano et al.,2004),因此影响土壤氮周转速率(Priha et al.,2001;Grayston et al.,2005)。

(2)不同植被恢复方式对土壤微生物特征的影响。更多地集中于不同植被恢复方式对土壤微生物生物量及其多样性方面的研究,植被恢复方式及植被类型均可影响土壤微生物区系特征(Bauhus et al.,1998;Thomas et al.,2000;Zheng et al.,2005;李君剑等,2007;Gong et al.,2008)。而没有关于不同植被恢复方式对某一特定功能菌群特性的影响方面的研究。

（3）土壤微生物区系与氮矿化间的关系。微生物作为有机质分解和矿化的"工程师"，是影响氮周转的最关键因子之一。研究表明真菌和细菌群落的数量和种类会因植被类型和位置有所差异（Leckie et al.，2004；Hackl et al.，2004；Grayston et al.，2005）。土壤肥力和氮素增加，细菌的相对比例会增加（Leckie et al.，2004；Högberg et al.，2007）；而在营养成分相对低的情况下，真菌的数量和活性都会比较高（Grønli et al.，2005；Wallenstein et al.，2006）。真菌菌丝生长形成的微环境和分泌的胞外酶，是降解有机态氮化合物的关键驱动因子，而且能有效吸附 NH_4^+（Schimel et al.，2004），而异养型细菌对 NO_3^- 的吸收和利用的能力更强（Chen et al.，2000）。另外，在酸性土壤异养型真菌和自养型细菌参与氮素硝化过程（Hart et al.，1997），细菌和真菌分别参与氮的固定和硝化不同进程。

第三节　土壤碳氮测定方法

土壤容重采用环刀法；土壤颗粒径级组成采用比重计法；pH 值采用 1：2.5 土和水溶液测定；土壤有机碳采用重铬酸钾氧化法；总氮采用凯氏定氮法。

土壤活性碳的测定：采用 Rovira 和 Vallejo 的酸水解法（Rovira et al.，2002），实验流程如下：将研细的土样 500 mg 放入可离心的硬质试管中，加入2.5 mol/L H_2SO_4 20 mL，摇匀加盖，放入 105 ℃ 加热 30 min，取出后稍冷却即离心，离心后吸出水解液，再加入 20 mL 蒸馏水，混匀后离心，洗液加到水解液中，这部分水解液即为活性库 1（Labile Pool 1，LP1）。试管中没水解的剩余物 60 ℃烘干，加 13 mol/L H_2SO_4 2 mL，振荡过夜，然后加水稀释该酸到 1 mol/L，在 105 ℃加热 3 h，依上述方法收回水解液，这部分水解液即为活性库 2（Labile Pool 2，LP2）。顽固性组分（Recalcitrant Fraction，RF）为总有机碳与活性库 1 和活性库 2 间的差值。

土壤呼吸用 LI-6400 便携式光合作用系统连接 6400-09 箱室测定，在测定区域随机选取 6 个固定点，间距约 2～3 m，提前 1 d 放置 PVC 环（内径 10.5 cm、高 4.5 cm）在土壤 2 cm 深左右，并将土壤环长期定位放置。

第四节　矿区复垦地土壤理化性质

矿山开采活动对矿区土壤造成了严重破坏，主要表现为土壤有机质含量和肥力降低，理化和生物特性变差，土壤团聚体遭受严重破坏。矿区复垦可固定流失碳和减缓二氧化碳释放,在复垦初期的 20～30 a 间,土壤 0～15 cm 层有机碳固定速率较快,一般来说在草地复垦中土壤有机碳固定速率较快,而复垦植被为林地的固定速率较低,草地复垦的土壤有机碳固定速率为 0.3～1.85 Mg C/(hm² · a),而林地的固定速率为 0.2～1.64 Mg C/(hm² · a)(Ussiri et al.,2005)。土壤有机碳是一系列不同化学复合体,其转化速率差异极大,从几天到几年甚至数千年,根据其化学、物理和生物特性划分为不同形式的碳库(Zak et al.,1993),一般按其化学特性划分为活性有机碳和顽固性有机碳,在模型研究及实验室分析中均发现活性有机碳含量较小,其主要影响土壤碳循环,而含量较大的顽固性有机碳主要决定土壤有机碳库容大小(Martin et al.,2005)。易降解的活性有机碳影响土壤微生物生物量和活性,并且其降解代谢可以为植被生长提供所需营养,因此其对生态系统生产力、群落结构和生态功能等方面起着重要的作用。输入土壤有机碳质量和分布的改变不仅会导致短期内碳氮通量状况,而且会影响陆地生态系统长期的碳氮储量,并对大气产生反馈作用(王德等,2007)。土壤活性碳可更敏感地指示植被恢复后土壤有机碳变化,可指示土壤肥力质量变化。

土壤呼吸包括土壤微生物、根系和土壤动物呼吸三个生物学过程,以及一个非生物学过程即含碳矿物质的化学氧化作用,是陆地生态系统和大气生态系统之间碳转移的主要途径,在生态系统的碳平衡中扮演重要角色(Raich et al.,1992)。土壤呼吸受植被、气候、时空、温度、水分以及人为等因素影响,其中大多报道认为对土壤呼吸影响的主要因素是土壤温度和水分(Conant et al.,2004;Lee et al.,2009),其间的关系一直是科学工作者研究的重点之一,常用各种关系模型描述(Gaumont-Guay et al.,2006;Jia et al.,2006)。国内外的土壤呼吸研究主要集中在草原、林地和湿地等生态系统的碳通量对大气温室气体浓度增加的影响,以及土壤呼吸与环境因子间相关性等方面(李凌浩等,2000;张宪州等,2003;Jia et al.,2006)。而关于生态环境脆弱的工矿废弃地土壤呼吸的研究较少。土壤呼吸强度可以反映土壤中有机质的分解和土壤微生物总的活性,对所在地生态系统的初级生产力产生较大影响,是评价土壤质量的一项重要指标(崔玉亭等,1997)。

下文将以位于吕梁山脉东翼低山丘陵地带,构造剥蚀剧烈,大体西高东低,地表黄土覆盖,沟谷切割土梁冲沟发育的露天矿区作为实例进行介绍。地理位置为北纬 37°09.4′,东经 111°31.1′,海拔 995 m。属于暖湿带大陆性气候。年均气温为 10.1 ℃,气温月际变化大,最冷月为 1 月,平均温度为 -5.6 ℃,最高月在 7 月,平均温度为 23.7 ℃,极端高温可达 39.5 ℃,极端低温为 -22.9 ℃。年平均降水量为 486 mm,降水主要集中在 7～9 月。全年平均无霜期 190 d,霜冻期为

10月上旬至次年 4 月中旬。石灰岩和砂页岩是该区的主要成土母质,机械组成主要是粉砂,排水和耕性条件良好,地下水位为 5～6 m,无盐渍化现象,土壤类型为淋溶褐土。

研究包括四个样地均是露天开采后,2009 年矿区覆土,分别播种百脉根(CO,Lotus corniculatus)(播种量为 5 kg/hm²)、紫花苜蓿(SA,Medicago sativa)(播种量为 10 kg/hm²),栽植油松林(TA,Pinus tabulaeformis)(苗岭为 5 a,间距为 2 m×2 m)和柳树-圆柏混交林(MF,Salix matsudana Koidz-Sabina chinensis)(柳树和圆柏的苗龄分别为 7 a 和 5 a,间距为 2 m×2 m)。对矿区复垦地进行不同施肥处理,包括不施用任何肥料的对照(CK),施用 750 kg/hm² 无机肥(IN,18∶12＝N∶P_2O_5)、45 m³/hm² 有机肥(OR,N 为 1.7%,有机质为 24.1%),无机肥＋有机肥(IO,375 kg/hm² 无机肥＋22.5 m³/hm² 有机肥)处理。乔木林样地设置为 10 m×10 m,草地样地设置为 2 m×4 m,每个处理 3 个重复,不同处理之间有 2 m 隔离区。

土壤呼吸(R_s)与土壤温度(T_s)和土壤水分(W_s)之间的关系分两步进行分析。用线性和非线性方程分析土壤呼吸和土壤温度和水分的单因子关系。方程如下:

$$R_s = a + bT_s$$
$$R_s = a\exp(bT_s)$$
$$R_s = a\exp\left[-0.5((T_s + b)/c)^2\right]$$
$$R_s = a + bW_s$$
$$R_s = a\exp(bW_s)$$

式中,a、b、c 为拟合参数(Li et al.,2008)。

然后,用以下关系方程分析土壤呼吸与土壤温度和水分的复合关系:

$$R_s = a + b(T_sW_s)$$
$$R_s = aT_s^b W_s^c$$
$$R_s = a\exp(bT_s)W_s^c$$

式中,a、b、c 均为拟合参数,在复合关系方程中,我们引入新的变量,即土壤温度与土壤水分的乘积($T_s \cdot W_s$),用来研究土壤呼吸与温度水分的复合关系。

一、土壤理化性质

从表2.1可看出复垦地的土壤 pH 值呈碱性,施肥后会使土壤 pH 显著减低,除了苜蓿复垦样地;而在相同的处理方式下,混交林的 pH 较大,且在对照和无机肥处理的条件下,混交林土壤 pH 显著高于其他复垦方式。土壤容重除在苜蓿样地中,同一植被修复类型下,施肥均对其没有显著的影响;在无机肥和无

表 2.1

矿区复垦地土壤理化性质

	pH	容重 /(g/cm³)	有机碳 /(g/kg)	氮 /(g/kg)	活性碳库 1 /(g/kg)	活性碳 2 /(g/kg)	RC /(g/kg)
CO-CK	7.96±0.01bA	1.20±0.04aB	2.61±0.13aB	0.33±0.01aA	1.15±0.19aB	0.36±0.25aA	1.10±0.09abaAB
CO-IN	7.87±0.03aA	1.23±0.04aaA	2.49±0.23aaAB	0.37±0.02aB	1.47±0.24aB	0.42±0.16aA	0.60±0.17aA
CO-IO	7.92±0.04abA	1.25±0.02aA	2.18±0.40aB	0.34±0.01aB	1.15±0.18aB	0.15±0.09aA	0.88±0.45aAB
CO-OR	7.89±0.02aA	1.16±0.08aA	3.22±0.19bC	0.43±0.02bB	1.28±0.29aB	0.47±0.24aA	1.47±0.30bA
SA-CK	8.01±0.06aA	1.01±0.05aA	2.29±0.28abB	0.35±0.01aA	0.58±0.19aA	0.44±0.09aA	1.28±0.31bB
SA-IN	7.93±0.04aaAB	1.14±0.11abA	2.14±1.06abAB	0.29±0.01aA	0.70±0.10aA	0.35±0.05aA	1.69±0.05cC
SA-IO	8.05±0.17aA	1.32±0.09cA	1.29±0.03aA	0.25±0.01aA	0.45±0.06aA	0.31±0.10aAB	0.54±0.05aA
SA-OR	8.06±0.28aA	1.26±0.05bcAB	2.61±0.23bAB	0.46±0.04bB	0.67±0.10aA	0.49±0.09aA	1.45±0.24bcA
TA-CK	7.95±0.01bA	1.35±0.04aC	1.68±0.23aA	0.34±0.04aA	0.69±0.19aA	0.27±0.09aA	0.72±0.18aA
TA-IN	7.87±0.06aA	1.27±0.02aA	1.68±0.13aA	0.36±0.03aB	0.50±0.19aA	0.54±0.16aA	0.64±0.20aA
TA-IO	7.88±0.01aA	1.33±0.17aA	1.86±0.08abB	0.35±0.02aB	0.70±0.19aA	0.50±0.18aB	0.67±0.15aA
TA-OR	7.91±0.02abA	1.34±0.06aB	2.21±0.27bA	0.36±0.04aA	0.77±0.11aA	0.48±0.09aA	0.95±0.39bA
MF-CK	8.24±0.11bB	1.17±0.07aB	2.73±0.34aB	0.33±0.00aA	0.72±0.13aA	0.89±0.16aB	1.11±0.41aAB
MF-IN	7.97±0.03aB	1.29±0.18aA	3.09±0.27abB	0.52±0.03bC	0.84±0.15aA	1.11±0.10aB	1.14±0.36aB
MF-IO	7.91±0.10aA	1.26±0.06aA	3.56±0.15bC	0.36±0.02aB	1.07±0.11aB	1.15±0.23aC	1.34±0.23aB
MF-OR	8.03±0.04aA	1.27±0.08aAB	3.10±0.42abB	0.31±0.02aA	0.94±0.11aA	0.95±0.10aB	1.21±0.44aA

注:数值为平均值±标准偏差,不同小写字母表示相同植被下不同肥料处理间在 $P<0.05$ 水平上差异显著,不同大写字母表示相同肥料处理下不同植被之间 $P<0.05$ 水平上差异显著。CO、SA、TA 和 MF 分别代表百脉根、苜蓿、油松林和柳树-刺槐混交林;CK、IN、IO 和 OR 分别代表对照、无机肥、无机肥+有机肥和有机肥等 4 种不同施肥处理。

机肥＋有机混合施肥处理下,不同植被间容重的差异性较小,而在对照和有机肥处理下,植被对土壤容重影响较大,油松林土壤容重较大,而苜蓿地土壤容重较小。在各个样地施肥,土壤的有机碳和总氮基本上得到了提高,尤其是有机肥处理多数情况下显著高于对照样地;除混合肥处理外,其他相同施肥条件下油松林土壤有机碳会显著低于其他植被修复类型;而相同施肥条件下,植被修复类型会显著影响土壤总氮含量。不同施肥对土壤活性碳库1和活性碳库2的影响均不显著,植被对活性碳库的影响更为显著,而土壤顽固性碳含量受植被修复类型和施肥处理显著影响。

二、土壤呼吸与温度间关系

对土壤呼吸和温度间线性、指数和复合型拟合程度见表2.2。在三种不同土壤呼吸和温度拟合模型中,线性和指数拟合模型中,只有在苜蓿施肥样地和混交林无机肥和无机肥＋有机肥处理样地中,其拟合程度是显著相关的,而在其他两种植被修复类型的拟合均不显著。而用复合模型拟合中,在线性和指数拟合水平不显著的样地拟合相关指数会有较大提升。仅仅是苜蓿对照样地在复合模型拟合中土壤呼吸和温度之间呈显著相关性,而其对照样地在线性和指数拟合中两者间显著相关,在复合模型中不相关。

三、土壤呼吸与水分间关系

通过对土壤呼吸和水分之间拟合相关指数分析,发现只有油松林和有机肥处理的混交林中土壤呼吸与水分之间的拟合显著相关,除有机肥处理的油松样地外,其他土壤呼吸和水分间线性拟合中在 $P < 0.05$ 水平上显著相关的样地,其指数拟合中在 $P < 0.01$ 水平上显著相关(表 2.3)。而在百脉根和苜蓿两个草本复垦方式的样地中,土壤呼吸和水分之间线性和指数拟合均不显著,尤其是苜蓿样地中,拟合程度更差。

四、土壤呼吸与温度、水分间复合关系

表 2.4 列出了土壤呼吸与温度、水分之间双因子拟合关系。对土壤呼吸与温度和水分乘积间进行线性拟合中,可看出有 5 个样地中,只有在混交林中在 $P < 0.01$ 水平上显著相关。在对土壤呼吸与温度、水分将幂指数进行模型拟合中,13 个样地的拟合程度呈显著相关,苜蓿和油松林不同施肥处理的样地均拟合显著,且其中有 6 个样地是在 $P < 0.01$ 水平上显著相关,且在不同复垦方式均有出现。而对土壤温度和水分分别将指数和幂指数进行与土壤呼吸模型拟合分析中发现,12 个样地的土壤呼吸与温度、水分间双因子拟合中显著相关,同样苜

表2.2　土壤呼吸与土壤温度间拟合关系分析

	$R_s = a + bT_s$			$R_s = a\exp(bT_s)$			$R_s = a\exp[-0.5((T_s+b)/c)^2]$			
	a	b	P	a	b	P	a	b	c	P
CO-CK	0.64	0.07	0.390 5	1.02	0.03	0.447	5.10	−16.38	2.13	0.366 4
CO-IN	1.99	0.15	0.216 3	2.91	0.03	0.300 8	6.09	−17.28	7.07	0.043 7*
CO-IO	1.5	0.11	0.267 4	2.16	0.03	0.340 8	4.43	−17.73	8.95	0.275 1
CO-OR	0.46	0.10	0.090 2	1.11	0.04	0.145 7	3.07	−22.11	6.92	0.109 2
SA-CK	0.76	0.21	0.066 6	2.15	0.04	0.115 3	6.35	−20.80	5.67	0.012 3*
SA-IN	−0.13	0.23	0.002 1**	1.21	0.07	0.004 2**	5	−23.51	9.71	0.009**
SA-IO	0.14	0.26	0.004 6*	1.64	0.06	0.008 1**	5.70	−21.30	8.03	0.008 6**
SA-OR	0.45	0.21	0.012 1*	1.40	0.06	0.012 4*	6.20	−31.03	15.36	0.052 9
TA-CK	1.68	0.01	0.988	1.69	0.01	0.990 4	3.09	−18.66	4.45	0.202
TA-IN	1.91	0.09	0.413	2.64	0.02	0.504 7	6.34	−20.34	5.01	0.018 4*
TA-IO	1.99	0.03	0.775 6	2.19	0.01	0.813 6	3.61	−19.10	7.03	0.331 3
TA-OR	1.43	0.05	0.547 9	1.82	0.02	0.619 9	3.46	−20.14	6	0.226 4
MF-CK	1.22	0.04	0.431 5	1.40	0.02	0.485 5	2.48	−17.74	8.74	0.227 8
MF-IN	0.43	0.20	0.015*	1.61	0.05	0.030 1*	5.02	−22.3	9.14	0.031 1*
MF-IO	0.84	0.13	0.031 1*	1.62	0.04	0.045 3*	3.94	−19.73	7.92	0.003 6**
MF-OR	2.36	0.03	0.806 4	2.52	0.01	0.836 7	4.85	−16.94	4.95	0.140 8

注:CO、SA、TA和MF分别代表百脉根、苜蓿、油松林和侧柏树-圆柏混交林;CK、IN、IO和OR分别代表对照、无机肥、无机肥+有机肥和有机肥等4种不同施肥处理。* 表示在 $P<0.05$ 水平上拟合显著;** 表示在 $P<0.01$ 水平上拟合显著。

表 2.3 土壤呼吸与土壤水分间拟合关系分析

	$R_s = a + bW_s$			$R_s = a\exp(bW_s)$		
	a	b	P	a	b	P
CO-CK	0.68	0.08	0.559	0.38	0.59	0.091 2
CO-IN	1.94	0.17	0.178 1	2.65	0.03	0.196 5
CO-IO	1.04	0.17	0.413 7	1.31	0.06	0.351 3
CO-OR	0.37	0.12	0.292 1	0.81	0.06	0.246 2
SA-CK	3.09	0.09	0.554 2	3.28	0.02	0.562 2
SA-IN	4.31	−0.03	0.778	3.85	0	1
SA-IO	4.82	−0.02	0.894 3	4.5	0	1
SA-OR	3.40	0.04	0.772 8	3.41	0.01	0.766 6
TA-CK	−3.15	32.44	0.034 3*	0.01	30.51	0.008 7**
TA-IN	−4.99	53.46	0.010 5*	0.27	15.29	0.007**
TA-IO	−2.28	31.64	0.028 6*	0.25	14.05	0.009 6**
TA-OR	−1.69	27.8	0.037 4*	0.27	13.79	0.019 9*
MF-CK	0.57	8.93	0.390 2	0.93	4.71	0.399 9
MF-IN	1.65	15.89	0.420 1	2.3	3.65	0.439 4
MF-IO	−3.9	0.57	0.142 2	0.39	0.16	0.119 5
MF-OR	−1.60	34.03	0.015 5*	0.34	14.81	0.004 9**

注：CO、SA、TA 和 MF 分别代表百脉根、苜蓿、油松林和柳树圆柏混交林；CK、IN、IO 和 OR 分别代表对照、无机肥、无机肥＋有机肥和有机肥等 4 种不同施肥处理。* 表示在 $P<0.05$ 水平上拟合显著；** 表示在 $P<0.01$ 水平上拟合显著。

表2.4 土壤呼吸与土壤温度、水分间双因子拟合关系分析

	$R_s=a+b(T_sW_s)$			$R_s=aT_s^bW_s^c$				$R_s=a\exp(bT_s)W_s^c$			
	a	b	P	a	b	c	P	a	b	c	P
CO-CK	0.66	0.5	0.313 7	0.32	0.56	0.01	0.1121	0.75	0.1	0.51	0.108 9
CO-IN	2.36	0.84	0.077 9	0.96	0.93	0.57	0.004 7**	3.76	0.09	0.74	0.037 2*
CO-IO	1.19	0.93	0.137 7	1.33	0.74	0.61	0.016 5*	3.83	0.08	0.89	0.077 9
CO-OR	0.6	0.59	0.063 2	0.51	0.7	0.3	0.015 3*	1.26	0.09	0.63	0.030 7*
SA-CK	0.96	1.39	0.024 1*	0.53	1	0.4	0.004 7**	3.2	0.09	0.72	0.001 7**
SA-IN	2.32	0.62	0.231 1	0.23	1.04	0.08	0.002 2**	1.27	0.09	0.23	0.000 8**
SA-IO	1.66	1.19	0.084 6	0.37	1.01	0.18	0.001 7**	2.36	0.09	0.46	0.001**
SA-OR	1.69	0.93	0.090 7	0.47	0.73	−0.05	0.030 4*	1.77	0.06	0.16	0.014*
TA-CK	0.08	0.56	0.285 8	54.22	0.55	2.78	0.036 2*	253.26	0.05	3.25	0.033 3*
TA-IN	−0.44	1.34	0.026 9*	13.27	1.05	2.45	0.000 9***	176.27	0.08	3.09	0.002 6**
TA-IO	−0.39	1	0.087 5	5.57	0.83	1.77	0.021 3*	30.76	0.06	2.02	0.028 3*
TA-OR	−0.64	1.08	0.027 8*	2.9	0.98	1.65	0.017 8*	25	0.08	2.11	0.011*
MF-CK	1.43	0.17	0.522 1	0.86	0.43	0.26	0.270 9	2.93	0.02	0.51	0.438 8
MF-IN	0.12	1.55	0.002 4**	1.07	0.9	0.65	0.002 9**	6.4	0.08	0.99	0.001**
MF-IO	0.29	1.14	0.000 6**	8.73	0.81	1.63	0.059 6	60.87	0.06	2.04	0.075 3
MF-OR	0.28	1.12	0.091 1	6.22	0.62	1.29	0.03*	21.2	0.05	1.45	0.035 7*

注：CO、SA、TA 和 MF 分别代表百脉根、苜蓿、油松林和柳树和圆柏混交林；CK、IN、IO 和 OR 分别代表对照、无机肥、无机肥+有机肥和有机肥等 4 种不同施肥处理。* 表示在 $P<0.05$ 水平上拟合显著；** 表示在 $P<0.01$ 水平上拟合显著。

蓿和油松林复垦方式下均显著相关,其中 5 个样地是在 $P<0.01$ 水平上显著相关,百脉根和混交林中均是对照和混合肥处理的样地中拟合不显著。

五、讨论

土壤 pH 是衡量矿区复垦土壤质量最常用的指标,特定矿区土壤 pH 值由于岩石粒风化和氧化而快速地改变,pH 在 6.0~7.5 之间是矿区植被复垦最适条件。不同植被修复类型可通过凋落物输入和有机分泌物而影响土壤 pH (Menyailo et al.,2002;Li et al.,2011)。施肥通常也是改变土壤 pH 另一主要管理措施,尤其是酸性矿区土壤,经常会施用氧化钙或碳酸钙来提高土壤 pH,有机改良剂如木屑、绿肥、污泥和生物碳等均可提高土壤 pH(Jordan et al.,2002),而在本书中研究区的矿区土壤 pH 略呈碱性,肥料施用显著降低了 pH 值(表 2.1)。本书中植被对土壤 pH 影响并不显著,可能主要是由于生长年限有限,其枯落物输入和根系分泌物效应还不足以显现。施肥对土壤容重的影响并不显著,而植被方式对容重的影响,在植被覆盖度较高的样地其容重较小(表 2.1),这可能是由于植物根系发育改善了土壤结构,同时容重也影响植被群落分布。

矿区土壤质量恢复和生态功能重建依靠植被的建立和自我维系发育,矿区复垦区具有很大的碳汇潜力,植被根系为碳和能量输入更深矿质层提供了途径,根系对土壤碳影响主要取决于根系产量、转化率、分泌物和菌根量等,这些均与植被修复类型有关(Balesdent et al.,1996)。另外,土壤改良剂可通过直接和间接效应,增加土壤养分、固化有毒金属、改善土壤结构和土壤水分环境(Ussiri et al.,2005),本研究中也发现了植被修复类型和施肥对土壤有机质的影响(表 2.1)。土壤活性碳库也会因植被修复类型不同而有着显著的变化(Li et al.,2011),本研究中也发现植被修复类型显著影响土壤活性碳库(表 2.1),这可能与植被覆盖度和组成的差异有关(表 2.1),而且活性碳库是影响植被群落组成分布的显著影响因子,而肥料对活性碳库的影响并不显著,这可能主要是由于本研究中施肥为底肥,肥料对活性碳库的影响效应可能在施肥初期。

土壤呼吸强度可反映土壤中有机质的分解和土壤微生物总的活性,对所在地生态系统的初级生产力产生较大影响,是评价土壤质量的一项重要指标(崔玉亭等,1997)。土壤呼吸受植被、气候、时空、温度、水分以及人为等因素影响,其中大多数报道认为对土壤呼吸影响的主要因素是土壤温度和水分(Conant et al.,2004;Lee et al.,2004),其间关系一直是科学工作者研究的重点之一,常用各种关系模型描述(Gaumont-Guay et al.,2006;Jia et al.,2006)。Li 等(2008)在山西高原的研究中发现在干旱和半干旱区,土壤温度和水分均影响土壤呼吸强度,构建了不同生态系统土壤呼吸与温度、水分间双变量关系模型,并提出在干旱-半干旱地区土壤水分对土壤呼吸影响的阈值。把田间持水量的 1/3 作为土壤呼吸受土壤水分胁迫的下限阈值、田间持水量作为上限阈值。在对内蒙古半干旱草原的土壤呼吸研究也有类似现象(李凌浩等,2000;陈全胜等,2004)。在本研究中,对土壤呼吸与温度、水分分别进行了单因子拟合(表 2.2 和表 2.3),在土壤呼吸和温度、水分双因子的拟合中相关程度更高(表 2.4),说明土壤温度和水分是协同影响呼吸速率。在覆盖率较低和需要更多水分的乔木林复垦方式下,土壤水分与呼吸之间的相关程度较强,这是由于在同样的降水条件下,覆盖率低的样地蒸发强烈,土壤水分更易处于干旱胁迫状态,抑制土壤微生物和根系代谢活动,从而导致土壤温度对土壤呼吸的作用降低,土壤水分对土壤呼吸影响更为重要(Dilustro et al.,2005;Gaumont-Guay et al.,2006)。

参 考 文 献

AHN M Y,ZIMMERMAN A R C N,SICKMAN J O,et al. 2009, Carbon mineralization and labile organic carbon pools in the sandy soils of a North Florida watershed[J]. ECOSYSTEMS,12(4):672-685.

AKALA V A,LAL R, 2015. Potential of mine land reclamation for soil organic carbon sequestration in Ohio [J]. LAND DEGRADATION & DEVELOPMENT,11(3):289-297.

ANTONOPOULOS V Z, 1999. Comparison of different models to simulate soil temperature and moisture effects on nitrogen mineralization in the soil[J]. JOURNAL OF PLANT NUTRITION AND SOIL SCIENCE,162(6):667-675.

ASLAM D N, VANDERGHEYNST J S, RUMSEY T R, 2008. Development of models for predicting carbon mineralization and associated phytotoxicity in compost-amended soil[J]. BIORESOURCE TECHNOLOGY,99(18):8735-8741.

BALESDENT J,BALABANE M, 1996. Major contribution of roots to soil carbon storage inferred from maize cultivated soils[J]. SOIL BIOLOGY & BIOCHEMISTRY,28(9):1261-1263.

BANFIELD G E, BHATTI J S, JIANG H, et al, 2002. Variability in regional scale estimates of carbon stocks in boreal forest ecosystems:results from West-Central Alberta[J]. FOREST ECOLOGY & MANAGEMENT,

169(1):15-27.

BARAJAS-ACEVES M, VERA-AGUILAR E, BERNAL M P, 2002. Carbon and nitrogen mineralization in soil amended with phenanthrene, anthracene and irradiated sewage sludge[J]. BIORESOURCE TECHNOLOGY, 85(3):217-223.

BARTON A M, SWETNAM T W, BAISAN C H, 2001. Arizona pine (Pinus arizonica) stand dynamics: local and regional factors in a fire-prone madrean gallery forest of Southeast Arizona, USA [J]. LANDSCAPE ECOLOGY, 16(4):351-369.

BAUHUS J, PARE D, COTE L, 1998. Effects of tree species, stand age and soil type on soil microbial biomass and its activity in a southern boreal forest[J]. SOIL BIOLOGY & BIOCHEMISTRY, 30(8):1077-1089.

BEHERA N, SAHANI U, 2003. Soil microbial biomass and activity in response to Eucalyptus plantation and natural regeneration on tropical soil[J]. FOREST ECOLOGY & MANAGEMENT, 174(1):1-11.

BLACK T A, HARDEN J W, 1995. Effect of timber harvest on soil carbon storage at Blodgett Experimental Forest, California [J]. CANADIAN JOURNAL OF FOREST RESEARCH, 25(8):1385-1396.

BORCHERS J G, PERRY D A, 1992. The influence of soil texture and aggregation on carbon and nitrogen dynamics in Southwest Oregon forests and clearcuts [J]. REVUE CANADIENNE DE RECHERCHE FORESTIRE, 22(3):298-305.

BROWN S, LIGO A E, INVERSON L R, 1992. Process and lands for sequestering carbon in the tropical forest landscape [J]. WATER, AIR AND SOIL POLLUTION, 64:139-155.

CAYUELA M L, SINICCO T, FORNASIER F, et al., 2008. Carbon mineralization dynamics in soils amended with meat meals under laboratory conditions[J]. WASTE MANAG, 28(4):707-715.

CERNOHLAVKOVA J, JARKOVSKY J, HOFMAN J, 2009. Effects of fungicides mancozeb and dinocap on carbon and nitrogen mineralization in soils [J]. ECOTOXICOLOGY & ENVIRONMENTAL SAFETY, 72(1):80-85.

CHEN Jian, STARK JOHN M, 2000. Plant species effects and carbon and nitrogen cycling in a sagebrush-crested wheat-grass soil[J]. SOIL BIOLOGY & BIOCHEMISTRY, 32(1):47-57.

CHEN X, LI B L, 2003. Change in soil carbon and nutrient storage after human disturbance of a primary Korean pine forest in Northeast China[J]. FOREST ECOLOGY & MANAGEMENT,186(1):197-206.

CHRISTINA B,OLGA R,HILDEGARD M,et al, 2010. Temperature-dependent shift from labile to recalcitrant carbon sources of arctic heterotrophs [J]. RAPID COMMUNICATIONS IN MASS SPECTROMETRY RCM,19 (11):1401-1408.

CONANT R T, DALLA-BETTA P, KLOPATEK C C, et al, 2004. Controls on soil respiration in semiarid soils [J]. SOIL BIOLOGY & BIOCHEMISTRY,36(6):945-951.

COVINGTON W W, 1981. Changes in Forest Floor Organic Matter and Nutrient Content Following Clear Cutting in Northern Hardwoods [J]. ECOLOGY,62(1):41-48.

CREGG B M,ZHANG J W, 2001. Physiology and morphology of Pinus sylvestris seedlings from diverse sources under cyclic drought stress [J]. FOREST ECOLOGY & MANAGEMENT,154(1):131-139.

DAVIDSON E A, ACKERMAN I L, 1993. Changes in soil carbon inventories following cultivation of previously untilled soils [J]. BIOGEOCHEMISTRY,20(3):161-193.

DELCOURT H R, HARRIS W F, 1980. Carbon budget of the southeastern u. s. Biota:analysis of historical change in trend from source to sink[J]. SCIENCE,210(4467):321.

DILUSTRO J J,COLLINS B,DUNCAN L,et al, 2005. Moisture and soil texture effects on soil CO_2 efflux components in southeastern mixed pine forests[J]. FOREST ECOLOGY & MANAGEMENT,204(1):87-97.

DIXON R K,SOLOMON A M,BROWN S,et al, 1994. Carbon pools and flux of global forest ecosystems[J]. SCIENCE,263(5144):185-190.

ERIC A D, IVAN A J. 2006. Temperature sensitivity of soil carbon decomposition and feedbacks to climate change[J]. NATURE, 440 (7081): 165-173.

FALLOON P D, SMITH P, 2000. Modelling refractory soil organic matter[J]. BIOLOGY AND FERTILITY OF SOILS,30(5-6):388-398.

FERNANDEZ I J,SON Y,KRASKE C R,et al, 1993. Soil Carbon Dioxide Characteristics under Different Forest Types and after Harvest[J]. SOIL SCIENCE SOCIETY OF AMERICA JOURNAL,57(4):1115-1121.

FRANCIS G S, HAYNES R J, WILLIAMS P H, 1994. Nitrogen mineralization, nitrate leaching and crop growth after ploughing-in leguminous and non-leguminous grain crop residues [J]. JOURNAL OF AGRICULTURAL SCIENCE, 123(1):81-87.

GARCIA-PAUSAS J, CASALS P, CAMARERO L, et al, 2008. Factors regulating carbon mineralization in the surface and subsurface soils of Pyrenean mountain grasslands[J]. SOIL BIOLOGY AND BIOCHEMISTRY, 40(11): 2803-2810.

GAUMONT-GUAY D, BLACK T A, GRIFFIS T J, et al, 2006. Interpreting the dependence of soil respiration on soil temperature and water content in a boreal aspen stand [J]. AGRICULTURAL & FOREST METEOROLOGY, 140(1):220-235.

GOEBEL M O, WOCHE S K, BACHMANN J, et al, 2007. Significance of Wettability-Induced Changes in Microscopic Water Distribution for Soil Organic Matter Decomposition[J]. SOIL SCIENCE SOCIETY OF AMERICA JOURNAL, 71(5):1593-1599.

GONG W, TING-XING H U, WANG J Y, et al, 2008. Soil carbon pool and fertility under natural evergreen broad-leaved forest and its artificial regeneration forests in Southern Sichuan Province[J]. ACTA ECOLOGICA SINICA, 28(6):2536-2545.

GRAYSTON S J, PRESCOTT C E, 2005. Microbial communities in forest floors under four tree species in coastal British Columbia[J]. SOIL BIOLOGY AND BIOCHEMISTRY, 37(6):1157-1167.

GRØNLI K E Å, FROSTEGÅRD L R, BAKKEN M, et al, 2005. Nutrient and Carbon Additions to the Microbial Soil Community and its Impact on Tree Seedlings in a Boreal Spruce Forest[J]. PLANT & SOIL, 278(1/2):275-291.

GULLEDGE J, SCHIMEL J P, 2000. Controls on Soil Carbon Dioxide and Methane Fluxes in a Variety of Taiga Forest Stands in Interior Alaska[J]. ECOSYSTEMS, 3(3):269-282.

GUO L B, GIFFORD R M, 2010. Soil carbon stocks and land use change: a meta analysis [Review][J]. GLOBAL CHANGE BIOLOGY, 8(4):345-360.

HACKL E, SESSITSCH A, 2004. Comparison of diversities and compositions of bacterial populations inhabiting natural forest soils [J]. APPLIED AND ENVIRONMENTAL MICROBIOLOGY, 70(9):5057-5065.

HALLIDAY JOANNE C,TATE KEVIN R,MCMURTRIE ROSS E,et al, 2010. Mechanisms for changes in soil carbon storage with pasture to Pinus radiate land-use change[J]. GLOBAL CHANGE BIOLOGY,9(9):1294-1308.

HART S C,DAN B,PERRY D A, 1997. Influence of red alder on soil nitrogen transformations in two conifer forests of contrasting productivity[J]. SOIL BIOLOGY & BIOCHEMISTRY,29(7):1111-1123.

HOUGHTON R A,DAVIDSON E A,WOODWELL G M, 1998. Missing sinks, feedbacks, and understanding the role of terrestrial ecosystems in the global carbon balance[J]. GLOBAL BIOGEOCHEMICAL CYCLES,12(1): 25-34.

HÖGBERG M N, HÖGBERG P D D, 2007. Is microbial community composition in boreal forest soils determined by pH,C-to-N ratio,the trees,or all three? [J]. OECOLOGIA,150(4):590-601.

JACKSON R B,SCHENK H J,JOBBAGY E G,et al, 2000. Belowground consequences of vegetation change and their treatment in models [J]. ECOLOGICAL APPLICATIONS,10(2):470-483.

JANETOS A C, 1996. Climate Change 1995:Impacts, Adaptations and Mitigation of Climate Change:Scientific-Technical Analyses[J]. ECOLOGY, 78(8):465-477.

JIA B ,ZHOU G ,WANG Y ,et al, 2006. Effects of temperature and soil water-content on soil respiration of grazed and ungrazed Leymus chinensis steppes,Inner Mongolia[J]. JOURNAL OF ARID ENVIRONMENTS,67(1): 60-76.

JORDAN F L, ROBIN-ABBOTT M, MAIER R M, et al, 2002. A comparison of chelator-facilitated metal uptake by a halophyte and a glycophyte [J]. ENVIRONMENTAL TOXICOLOGY AND CHEMISTRY, 21 (12): 2698-2704.

JOHNSTON M H,HOMANN P S,ENGSTROM J K,et al, 1996. Changes in ecosystem carbon storage over 40 years on an old-field/forest landscape in east-central Minnesota[J]. FOREST ECOLOGY & MANAGEMENT,83(1-2):17-26.

KALBITZ K S,SOLINGER S,PARK J H, et al, 2000. Controls on the dynamics of dissolved organic matter in soils:a review [J]. SOIL SCI, 165(4): 277-304.

KALBITZ K,SCHWESIG D,WANG W, 2008. Effects of platinum from

vehicle exhaust catalyst on carbon and nitrogen mineralization in soils[J]. SCIENCE OF THE TOTAL ENVIRONMENT,405(1):239-245.

KAUPPI P E, MIELIKÄINEN K, KUUSELA K, 1992. Biomass and carbon budget of European forests,1971 to 1990 [J].SCIENCE,256(5053): 70-74.

KAYE J P,DAN B,RHOADES C, 2003. Stable soil nitrogen accumulation and flexible organic matter stoichiometry during primary floodplain succession [J]. BIOGEOCHEMISTRY,63(1):1-22.

KELLIHER F M,ROSS D J,LAW B E,et al, 2004. Limitations to carbon mineralization in litter and mineral soil of young and old ponderosa pine forests [J]. FOREST ECOLOGY & MANAGEMENT,191(1):201-213.

KELTING D L ,BURGER J A ,PATTERSON S C ,et al, 1999. Soil quality assessment in domesticated forests-a southern pine example [J]. FOREST ECOLOGY & MANAGEMENT,122(1-2):167-185.

KHALIL M I,HOSSAIN M B,SCHMIDHALTER U, 2005. Carbon and nitrogen mineralization in different upland soils of the subtropics treated with organic materials [J]. SOIL BIOLOGY & BIOCHEMISTRY, 37 (8): 1507-1518.

KIRSCHBAUM M U F, 1995. The temperature dependence of soil organic matter decomposition,and the effect of global warming on soil organic C storage[J]. SOIL BIOLOGY & BIOCHEMISTRY,27(27):753-760.

KUKA K,FRANKO U,RÜHLMANN J, 2007. Modelling the impact of pore space distribution on carbon turnover[J]. ECOLOGICAL MODELLING, 208(2):295-306.

KÄTTERER T, M REICHSTEIN O, ANDRÉN A, et al, 1998. Temperature dependence of organic matter decomposition: a critical review using literature data analyzed with different models [J]. BIOLOGY & FERTILITY OF SOILS,27(3):258-262.

LAMPARTER A,BACHMANN J,GOEBEL M O,et al, 2009. Carbon mineralization in soil: Impact of wetting-drying, aggregation and water repellency[J]. GEODERMA,150(3):324-333.

LECKIE S E, PRESCOTT C E, GRAYSTON S J, et al, 2004. Characterization of Humus Microbial Communities in Adjacent Forest Types That Differ in Nitrogen Availability[J]. MICROBIAL ECOLOGY,48(1):

29-40.

LEE X ,WU H J ,SIGLER J ,et al. 2009. Rapid and transient response of soil respiration to rain[J]. GLOBAL CHANGE BIOLOGY,10(6):1017-1026.

LEINWEBER P,SCHULTEN H R,KORSCHENS M, 1995. Hot water extracted organic matter:chemical composition and temporal variations in a long-term field experiment[J]. BIOLOGY AND FERTILITY OF SOILS, 20(1):17-23.

LI H J,YAN J X,YUE X F,et al, 2008. Significance of soil temperature and moisture for soil respiration in a Chinese mountain area [J]. AGRICULTURAL & FOREST METEOROLOGY,148(3):490-503.

LI J,LI H,ZHOU X,et al, 2011. Labile and Recalcitrant Organic Matter and Microbial Communities in Soil After Conversion of Abandoned Lands in the Loess Plateau,China[J]. SOIL SCIENCE,176(6):313-325.

LI S, YANG B, WU D, 2008. Community Succession Analysis of Naturally Colonized Plants on Coal Gob Piles in Shanxi Mining Areas,China [J]. WATER AIR & SOIL POLLUTION,193(1-4):211-228.

LIANG B,LEHMANN J,SOLOMON D,et al, 2008. Stability of biomass-derived black carbon in soils [J]. GEOCHIMICA ET COSMOCHIMICA ACTA,72(24):6069-6078.

MAGILL A H,ABER J D, 2000. Variation in soil net mineralization rates with dissolved organic carbon additions [J]. SOIL BIOLOGY & BIOCHEMISTRY,32(5):597-601.

MALHI YBALDOCCHI D D,Jarvis P G, Long S, 2010. The carbon balance of tropical, temperate and boreal forests [J]. PLANT CELL & ENVIRONMENT,22(6):715-740.

MARTÍN M A, REY J M, TAGUAS F J, 2005. An entropy-based heterogeneity index formass-size distributions in Earth science [J]. ECOLOGICAL MODELING(182):221-228.

MCDONNELL M J,PICKETT S T A,GROFFMAN P,et al, 1997. Ecosystem processes along an urban-to-rural gradient[J]. URBAN ECOSYSTEMS,1(1):21-36.

MCKENNEY D J,WANG S W,DRURY C F,et al, 1995. Denitrification, immobilization,and mineralization in nitrate limited and nonlimited residue-amended soil[J]. SOIL SCIENCE SOCIETY OF AMERICA JOURNAL, 59(1):118-124.

MCLAUCHLAN K K, HOBBIE S E, 2004. Comparison of Labile Soil Organic Matter Fractionation Techniques[J]. SOIL SCIENCE SOCIETY OF AMERICA JOURNAL,68(5):34.

MENYAILO O V, HUNGATE B A, ZECH W, 2002. The effect of single tree species on soil microbial activities related to C and N cycling in the Siberian artificial afforestation experiment[J]. PLANT & SOIL, 242 (2): 183-196.

NISBET T, 2002. Implications of climate change: soil and water [J]. FOREST COMMUN BULL(125):53-67.

NOAA / CMDL, 2002. Climate Monitoring and Diagnostics Lab oratory Summary Report [R]. [s.l.:s.n.], No.26:2000-2001.

NOUVELLON Y, EPRON D, KINANA A, et al, 2008. Soil CO_2 effluxes, soil carbon balance, and early tree growth following savannah afforestation in Congo: Comparison of two site preparation treatments [J]. FOREST ECOLOGY & MANAGEMENT,255(5):1926-1936.

NYLAND R D, 2001. Silviculture:Concepts and Applications[M].2nd ed. Boston: Mcgraw Hill,Boston:682.

OBERTHÜR S, OTT H E, 1999. The Kyoto Protocol[M]. Berlin Heidelberg:Springer:1427-1435.

PARKER J L, FERNANDEZ I J, RUSTAD L E, et al, 2001. Effects of nitrogen enrichment, wildfire, and harvesting on forest-soil carbon and nitrogen [J]. SOIL SCIENCE SOCIETY OF AMERICA JOURNAL,65(4):1248-1255.

PETIT J R, JOUZEL J, RAYNAUD D, et al, 1999. Climate and atmospheric history of the past 420,000 years from the Vostok ice core, Antarctica[J]. NATURE,399(6735):429-436.

POUYAT R, GROFFMAN P, YESILONIS I, et al, 2002. Soil carbon pools and fluxes in urban ecosystems[J]. ENVIRONMENTAL POLLUTION, 116(1):107-118.

POWERS J S, SCHLESINGER W H, 2002. Relationships among soil carbon distributions and biophysical factors at nested spatial scales in rain forests of northeastern Costa Rica[J]. GEODERMA,109(3):165-190.

PRICHARD S J, PETERSON D L, HAMMER R D, 2000. Carbon distribution in subalpine forests and meadows of the Olympic Mountains, Washington[J]. SOIL SCIENCE SOCIETY OF AMERICA JOURNAL,

64(5):1834-1845.

PRIHA O, GRAYSTON S J, HIUKKA R, et al, 2001. Microbial community structure and characteristics of the organic matter in soils under Pinus sylvestris, Picea abies and Betula pendula at two forest sites [J]. BIOLOGY AND FERTILITY OF SOILS,33(1):17-24.

RAICH J W,SCHLESINGER W H,1992. The global carbon dioxide flux in soil respiration and its relationship to vegetation and climate[J]. TELLUS. SERIES B:CHEMICAL AND PHYSICAL METEOROLOGY,44(2):19.

RESH S C, DAN B, PARROTTA J A, 2002. Greater Soil Carbon Sequestration under Nitrogen-fixing Trees Compared with Eucalyptus Species [J]. ECOSYSTEMS,5(3):217-231.

RINNAN R,MICHELSEN A,BAATH E,et al, 2007a. Mineralization and carbon turnover in subarctic heath soil as affected by warming and additional litter[J]. SOIL BIOLOGY & BIOCHEMISTRY,39(12):3014-3023.

RINNAN R,MICHELSEN A,BAATH E,et al, 2007b. Fifteen years of climate change manipulations alter soil microbial communities in a subarctic heath ecosystem[J]. GLOBAL CHANGE BIOLOGY,13(1):28-39.

ROSS D J, TATE K R, SCOTT N A, et al, 2002. Afforestation of pastures with Pinus radiata influences soil carbon and nitrogen pools and mineralisation and microbial properties [J]. SOIL RESEARCH, 40 (8): 1303-1318.

ROVIRA P,VALLEJO V R, 2002. Labile and recalcitrant pools of carbon and nitrogen in organic matter decomposing at different depths in soil:an acid hydrolysis approach[J]. GEODERMA,107(1):109-141.

RUFFO M L, BOLLERO G A, 2003. Modeling Rye and Hairy Vetch Residue Decomposition as a Function of Degree-Days and Decomposition-Days [J]. AGRONOMY JOURNAL,95(4):900-907.

RUTIGLIANO F A,D'ASCOLI R,DE SANTO A V, 2004. Soil microbial metabolism and nutrient status in a Mediterranean area as affected by plant cover[J]. SOIL BIOLOGY AND BIOCHEMISTRY,36(11):1719-1729.

SAHRAWAT K L, 2004. Organic matter accumulation in submerged soils[J]. ADVANCES IN AGRONOMY,81(03):169-201.

SCHAUVLIEGHE M,LUST N,1999.Carbon accumulation and allocation after afforestation of a pasture with pin oak (Quercus palustris) and ash (Fraxinus excelsior)[J]. SILVA GANDEVENSIS(64):72-81.

SCHIMEL J P,BENNETT J, 2004. Nitrogen Mineralization:Challenges of a Changing Paradigm[J]. ECOLOGY,85(3):591-602.

SCHOENHOLTZ S H,VAN MIEGROET H,BURGER J A, 2000. A review of chemical and physical properties as indicators of forest soil quality:challenges and opportunities[J]. FOREST ECOLOGY AND MANAGEMENT,138(1):335-356.

SEDJO R A, 1993. The carbon cycle and global forest ecosystem[J]. WATER AIR AND SOIL POLLUTION,70(1-4):295-307.

SHI Fuchen,LI Junjian,WANG Shaoqiang, 2008. Soil organic carbon,nitrogen and microbial properties in contrasting forest ecosystems of north-east China under different regeneration scenarios[J]. ACTA AGRICULTURAE SCANDINAVICA,58(1):1-10.

SILVER W L,OSTERTAG R,LUGO A E, 2010. The potential for carbon sequestration through reforestation of abandoned tropical agricultural and pasture lands[J]. RESTORATION ECOLOGY,8(4):394-407.

SLEUTEL S,DE NEVE S,ROIBAS M R P,et al, 2005. The influence of model type and incubation time on the estimation of stable organic carbon in organic materials[J]. EUROPEAN JOURNAL OF SOIL SCIENCE,56(4):505-514.

THOMAS K D,PRESCOTT C E, 2000. Nitrogen availability in forest floors of three tree species on the same site:the role of litter quality[J]. CANADIAN JOURNAL OF FOREST RESEARCH,30(11):1698-1706.

THOROLEY J H M,CANNELL M G R, 2000. Managing forests for wood yield and carbon storage:a theoretical study[J]. TREE PHYSIOLOGY,20(7):477.

TRUMBORE S, 2006. Carbon respired by terrestrial ecosystems-recent progress and challenges[J]. GLOBAL CHANGE BIOLOGY,12(2):141-153.

USSIRI D A N ,LAL R, 2005. Carbon Sequestration in Reclaimed Minesoils[J]. CRITICAL REVIEWS IN PLANT SCIENCES,24(3):151-165.

WAGENET R J ,HUTSON J L, 1997. Soil Quality and its Dependence on Dynamic Physical Processes [J]. JOURNAL OF ENVIRONMENTAL QUALITY,26(1):41-48.

WALLENSTEIN M D,MCNULTY S,FERNANDEZ I J,et al, 2006. Nitrogen fertilization decreases forest soil fungal and bacterial biomass in three long-term experiments [J]. FOREST ECOLOGY & MANAGEMENT, 222(1):459-468.

WANG G, WEN Y, KONG Q, et al. 2002. CO_2 background concentration in the atmosphere over the Chinese mainland [J]. CHINESE SCIENCE BULLETIN, 47(14):1217-1220.

WATSON R T, NOBLE I R, BOLIN B, et al, 2017. Land use, land-use change and forestry: a special report of the Intergovernmental Panel on Climate Change[M]. [s.l.:s.n.]:333.

WENNMAN P, KÄTTERER T, 2006. Effects of moisture and temperature on carbon and nitrogen mineralization in mine tailings mixed with sewage sludge[J]. JOURNAL OF ENVIRONMENTAL QUALITY, 35(4): 1135-1141.

WHITMORE A P, 1996. Modelling the release and loss of nitrogen after vegetable crops [J]. NETHERLANDS JOURNAL OF AGRICULTURAL SCIENCE, 44(1):73-86.

WILCOX C, DOMNGUEZ J, PARMELEE R, et al, 2002. Soil carbon and nitrogen dynamics in *Lumbricus terrestris*. L. middens in four arable, a pasture, and a forest ecosystems[J]. BIOLOGY & FERTILITY OF SOILS, 36(1):26-34.

XU Xiaofeng, SONG Changchun, SONG Xia, et al, 2004. Carbon Mineralization and the Related Enzyme Activity of Soil in Wetland [J]. ECOLOGY AND ENVIROMENT, 13(1):40-42.

YANAI R D, CURRIE W S, GOODALE C L, 2003. Soil Carbon Dynamics after Forest Harvest: An Ecosystem Paradigm Reconsidered [J]. ECOSYSTEMS, 6(3):197-212.

ZAK D R, GRIGAL D F, OHMANN L F, 1993. Kinetics of Microbial Respiration and Nitrogen Mineralization in Great Lakes Forests[M]. [s.l.]: CAMBRIDGE UNIVERSITY PRESS:1100-1106.

ZHANG Xuhui, LI Lianqing, PAN Genxing, et al, 2007. Topsoil organic carbon mineralization and CO_2 evolution of three paddy soils from South China and the temperature dependence[J]. JOURNAL OF ENVIRONMENTAL SCIENCES, 19(3):319-326.

ZHAO M, ZHOU J, KALBITZB K, 2008. Carbon mineralization and properties of water-extractable organic carbon in soils of the south Loess

Plateau in China[J]. EUROPEAN JOURNAL OF SOIL BIOLOGY,44(2):
158-165.

ZHENG H, OUYANG Z Y, WANG X K, et al, 2005. Effects of regenerating forest cover on soil microbial communities:A case study in hilly red soil region, Southern China [J]. FOREST ECOLOGY & MANAGEMENT,217(2):244-254.

艾丽,吴建国,朱高,等,2007. 祁连山中部高山草甸土壤有机碳矿化及其影响因素研究[J]. 草业学报(5):22-33.

陈全胜,李凌浩,韩兴国,等,2004. 典型温带草原群落土壤呼吸温度敏感性与土壤水分的关系[J]. 生态学报(4):831-836.

陈涛,郝晓晖,杜丽君,等,2008. 长期施肥对水稻土土壤有机碳矿化的影响[J]. 应用生态学报(7):1494-1500.

崔玉亭,韩纯儒,卢进登,1997. 集约高产农业生态系统有机物分解及土壤呼吸动态研究[J]. 应用生态学报(1):59-64.

戴慧,王希华,阎恩荣,2007. 浙江天童土地利用方式对土壤有机碳矿化的影响[J]. 生态学杂志(7):1021-1026.

戴全厚,刘国彬,薛萐,等,2008. 侵蚀环境退耕撂荒地土壤活性有机碳与碳库管理指数演变[J]. 西北林学院学报(6):24-28.

樊军,郝明德,党廷辉,2000. 长期施肥条件下土壤剖面中硝态氮的分布[J]. 土壤与环境,9(1):23-26.

方华军,杨学明,张晓平,等,2006. 坡耕地黑土活性有机碳空间分布及生物有效性[J]. 水土保持学报(2):59-63.

方精云,郭兆迪,朴世龙,等,2007.1981～2000 年中国陆地植被碳汇的估算[J].中国科学,37(6):804-812.

郭胜利,党廷辉,郝明德,2000. 黄土高原沟壑区不同施肥条件下土壤剖面中矿质氮的分布特征[J]. 干旱地区农业研究(1):22-27,37.

黄和平,杨吉力,毕军,等,2005. 皇甫川流域植被恢复对改善土壤肥力的作用研究[J]. 水土保持通报(3):37-40.

黄伟生,彭佩钦,苏以荣,等,2006. 洞庭湖区耕地利用方式对土壤活性有机碳的影响[J]. 农业环境科学学报(3):756-760.

姜培坤,徐秋芳,2005. 施肥对雷竹林土壤活性有机碳的影响[J]. 应用生态学报(2):253-256.

李辉信,袁颖红,黄欠如,等,2008. 长期施肥对红壤性水稻土团聚体活性有机碳的影响[J]. 土壤学报(2):259-266.

李君剑,石福臣,柴田英昭,等,2007.东北地区三种典型次生林土壤有机碳、总氮及微生物特征的比较研究[J].南开大学学报(自然科学版),40(3):84-91.

李克让,王绍强,曹明奎,2003. Carbon reserves in Chinese vegetations and soils [J].中国科学 D 辑,33(1):72-80.

李凌浩,王其兵,白永飞,等,2000.锡林河流域羊草草原群落土壤呼吸及其影响因子的研究[J].植物生态学报(6):680-686.

李意德,吴仲民,曾庆波,等,1998.尖峰岭热带山地雨林生态系统碳平衡的初步研究[J].生态学报(4):371-378.

李忠佩,王效举,1998.红壤丘陵区土地利用方式变更后土壤有机碳动态变化的模拟[J].应用生态学报(4):365-370.

李忠佩,张桃林,陈碧云,2004.可溶性有机碳的含量动态及其与土壤有机碳矿化的关系[J].土壤学报(4):544-552.

刘德燕,宋长春,2008.磷输入对湿地土壤有机碳矿化及可溶性碳组分的影响[J].中国环境科学(9):769-774.

刘晓宏,田梅霞,郝明德,2001.黄土旱塬区长期轮作施肥土壤剖面硝态氮的分布与积累[J].土壤肥料(1):9-12.

路磊,李忠佩,车玉萍,2006.不同利用年限菜地土壤有机碳矿化动态和酶活性变化[J].土壤(4):429-434.

任秀娥,童成立,孙中林,等,2007.温度对不同粘粒含量稻田土壤有机碳矿化的影响[J].应用生态学报,18(10):2245-2250.

盛彤笙,任继周,1980.黄土高原的土壤侵蚀与农业格局[J].农业经济问题(7):2-7.

苏永中,赵哈林,张铜会,等,2004.不同退化沙地土壤碳的矿化潜力[J].生态学报(2):372-378.

唐国勇,童成立,苏以荣,等,2006.含水量对^{14}C 标记秸秆和土壤原有有机碳矿化的影响[J].中国农业科学(3):538-543.

唐克丽,1990.黄土高原地区土壤侵蚀区域特征及其治理途径[M].北京:中国科学技术出版社.

唐树梅,漆智平,1997.土壤含水量与氮矿化的关系[J].热带农业科学(4):54-60.

王德,傅伯杰,陈利顶,等,2007.不同土地利用类型下土壤粒径分形分析——以黄土丘陵沟壑区为例[J].生态学报(7):3081-3089.

王红,范志平,邓东周,等,2008.不同环境因子对樟子松人工林土壤有机碳矿化的影响[J].生态学杂志(9):1469-1475.

王其兵,李凌浩,刘先华,等,1998.内蒙古锡林河流域草原土壤有机碳及氮素的空间异质性分析[J].植物生态学报(5):409-414.

王清奎,汪思龙,于小军,等,2007.常绿阔叶林与杉木林的土壤碳矿化潜力及其对土壤活性有机碳的影响[J].生态学杂志(12):1918-1923.

王绍强,刘纪远,2002.土壤碳蓄积量变化的影响因素研究现状[J].地球科学进展,17(4):528-534.

吴建国,艾丽,苌伟,2007a.祁连山中部四种典型生态系统土壤有机碳矿化及其影响因素[J].生态学杂志(11):1703-1711.

吴建国,艾丽,朱高,等,2007b.祁连山北坡云杉林和草甸土壤有机碳矿化及其影响因素[J].草地学报(1):20-28.

吴建国,张小全,徐德应,2004.六盘山林区几种土地利用方式对土壤有机碳矿化影响的比较[J].植物生态学报(4):530-538.

闫宗平,仝川,2008.外来植物入侵对陆地生态系统地下碳循环及碳库的影响[J].生态学报(9):4440-4450.

杨继松,刘景双,孙丽娜,2008.温度、水分对湿地土壤有机碳矿化的影响[J].生态学杂志(1):38-42.

杨学云,张树兰,袁新民,等,2001.长期施肥对娄土硝态氮分布、积累和移动的影响[J].植物营养与肥料学报,7(2):134-138,39.

于建光,李辉信,陈小云,等,2007.秸秆施用及蚯蚓活动对土壤活性有机碳的影响[J].应用生态学报(4):818-824.

袁新民,杨学云,同延安,等,2001.不同施氮量对土壤 NO_3^--N 累积的影响[J].干旱地区农业研究,19(1):8-13,39.

张薇,王子芳,王辉,等,2007.土壤水分和植物残体对紫色水稻土有机碳矿化的影响[J].植物营养与肥料学报(6):1013-1019.

张文菊,童成立,杨钙仁,等,2005.水分对湿地沉积物有机碳矿化的影响[J].生态学报(2):249-253.

张文婷,吕家珑,来航线,等,2008.黄土高原不同植被坡地土壤微生物区系季节性变化[J].中国土壤与肥料(6):74-77.

张宪洲,刘允芬,钟华平,等,2003.西藏高原农田生态系统土壤呼吸的日变化和季节变化特征[J].资源科学(5):103-107.

赵哈林,根本正之,大黑俊哉,等,1997.内蒙古科尔沁沙地放牧草地的沙漠化机理研究[J].中国草地(3):15-23.

周焱,徐宪根,阮宏华,等,2008.武夷山不同海拔高度土壤有机碳矿化速率的比较[J].生态学杂志(11):1901-1907.

朱培立,王志明,黄东迈,等,2001.无机氮对土壤中有机碳矿化影响的探讨[J].土壤学报(4):457-463.

第三章　土壤微生物量

　　土壤中含有丰富的有机物和无机物,是微生物的天然培养基,而且土壤的孔隙结构为微生物的生长提供了较适宜的栖息地,据统计,1 g 土壤中约有 $10^7 \sim 10^{12}$ 个微生物(Watt et al.,2006)。此外,土壤微生物直接或间接地参与了土壤的生态过程,如腐殖质的形成、初级生产力的生产、凋落物的降解、营养物的转运和循环以及在气候调节方面也起到一定的作用(Maila et al.,2005;De Deyn et al.,2004;Fierer et al.,2006)。土壤微生物量可通过土壤微生物数量、微生物生物量和微生物丰度来表征。

　　土壤微生物数量的估算主要是通过培养法,但是培养获得微生物数量只有少数部分,只有 1% 左右的细菌能被培养,土壤真菌的数量现在还不确定,大约有 17% 的可以被培养,可培养群落不能代表这个群落,但要从自然界中获得菌株资源,通过培养基培养分离纯化筛选菌株是必须的。

　　土壤微生物生物量占有机质的比例很少,但是即使在土壤总有机质对土壤干扰没有变化时,微生物生物量也可以灵敏指示土壤受干扰后的变化(Piatek et al.,1999)。另外,虽然土壤理化性质对微生物生物量和活性有着重要的影响(Parr et al.,1997),也是土壤质量指标,但是土壤发生变化后数年后才能显示出对这些理化因子的影响,而土壤生物和生化变化对土壤变化很敏感,因此虽然更及时、准确地反映土壤质量变化。因此虽然土壤微生物生物量含量低,却影响着所有进入土壤的有机质的转化,成为土壤组成的精华部分,是整个生态系统养分和能源循环的关键和动力,更敏感地反映土壤质量的差异,所以一直受到各国土壤工作者重视(Dalal et al.,1991)。

　　微生物丰度(microbial abundance)通常是指通过细菌的 16S rRNA 或真菌 18S rRNA 的特定序列,或者功能菌群的功能基因的序列确定基因量。一般通过荧光定量实时 PCR 来确定某一类群微生物量。

第一节　土壤微生物数量

一、梯度稀释平板法

称 5 g 土样放入装有 45 mL 无菌水的三角瓶中,将装有土样和无菌水的三角瓶震荡 15 min,使土样均匀地分散,制成土壤悬液。土样分散后,静置 5 min,吸取 5 mL 土壤悬液于无菌水中,稀释成 10^{-2} 倍土壤稀释液,再用 1 mL 无菌移液管从 10^{-2} 倍稀释液吸 0.5 mL 于盛有 4.5 mL 蒸馏水的无菌试管中,依次按 10 倍法稀释,稀释到 10^{-4} 倍。每次吸取悬液时,在稀释液中反复吸入吹打 3~5 次,混匀。

根据各类微生物在不同层次的土壤中的数量多少,选择适当的土壤悬液稀释浓度接种,吸取 0.1 mL 的菌悬液接种培养皿中,涂布,每个稀释度重复 3 次。

细菌接种后置 37 ℃ 温箱内培养,真菌、放线菌和其他与氮代谢菌株接种后置 28 ℃ 温箱内培养,细菌在培养 1~2 d 后,计数。放线菌、真菌培养 3~5 d 后,计数。最后选取数量在 30~300 间的作为统计数量。

培养基:细菌:牛肉膏蛋白胨培养基或者改良的 LB 培养基。放线菌:高氏一号培养基(加入 500 mg/L 苯酚抑制细菌的生长)。真菌:马丁氏培养基(加入 30 mg/L 链霉素抑制细菌生长)。固氮菌培养基:无氮阿须贝氏培养基。硝化细菌培养基:100 mL 蒸馏水中加入硫酸铵 0.05 g、氯化钠 0.03 g、硫酸亚铁 0.003 g、磷酸二氢钠 0.1 g、硫酸镁 0.003 g、氯化钙 0.75 g,pH 为 7.5。反硝化细菌培养基:100 mL 水中加入硝酸钾 0.05 g、磷酸氢二钾 0.13 g、七水硫酸镁 0.03 g、氯化钠 0.12 g、碳酸氢钠 0.2 g、碳酸钙 0.1 g,pH 为 7.5~8.0。

二、不同植被方式下土壤微生物数量的季节变化

对位于吕梁山中段的关帝山庞泉沟自然保护区实验区八道沟进行了四种不同植被方式即撂荒地、沙棘灌木林、华北落叶松人工林和华北落叶松-白桦-山杨混交林 4 个样地的细菌、放线菌、真菌、固氮菌、硝化细菌和反硝化细菌的测定。

不同植被类型下,土壤各类微生物数量均随着土壤深度的增加而明显减少(图 3.1 和图 3.2)。5 月,3 种植被类型的细菌、放线菌和真菌数量相对均高于撂荒地,其中细菌和放线菌数量在各植被类型间差异显著,混交林最高,沙棘灌木林最低;真菌数量(0~10 cm)在华北落叶松人工林为 2.52×10^4 CFU/g,与撂荒地(1.89×10^4 CFU/g)相比增加不显著,而混交林和沙棘灌木林分别为 20.14×10^4 CFU/g 和 6.89×10^4 CFU/g,显著高于撂荒地,混交林显著高于沙棘灌木

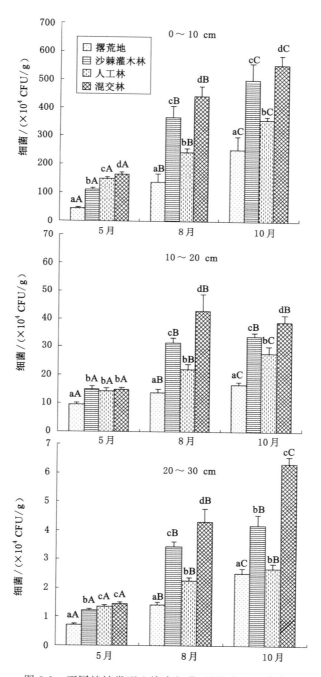

图 3.1　不同植被类型土壤中细菌、放线菌和真菌数量

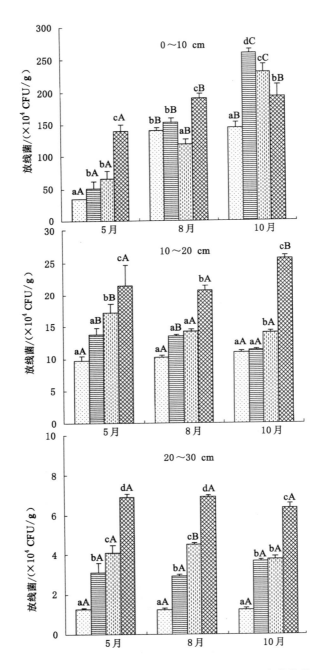

续图 3.1 不同植被类型土壤中细菌、放线菌和真菌数量

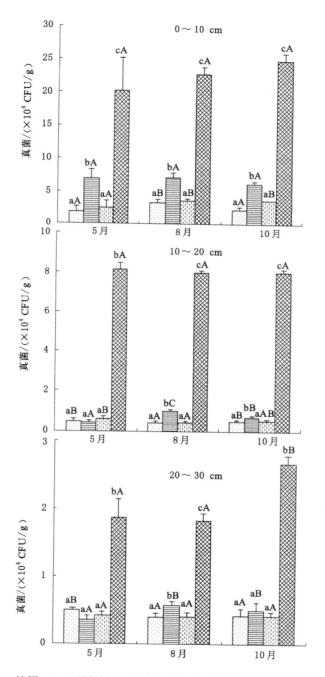

续图 3.1　不同植被类型土壤中细菌、放线菌和真菌数量

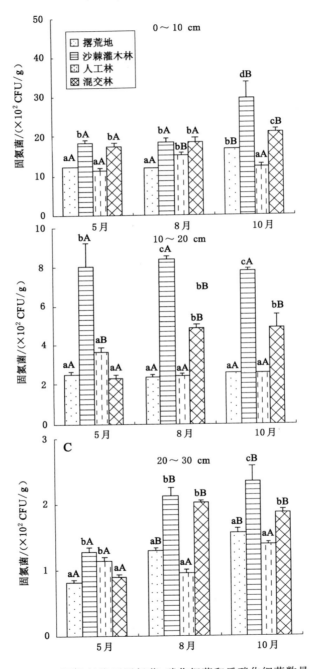

图 3.2 不同植被类型固氮菌、硝化细菌和反硝化细菌数量

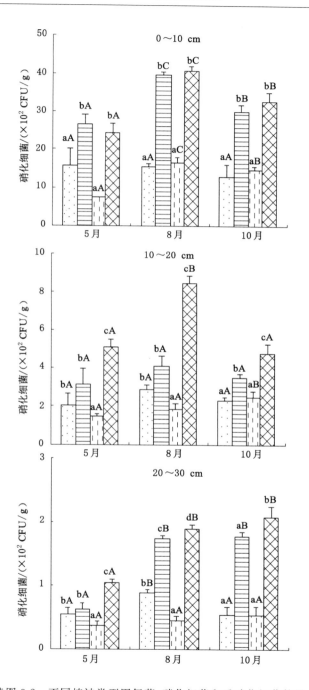

续图 3.2　不同植被类型固氮菌、硝化细菌和反硝化细菌数量

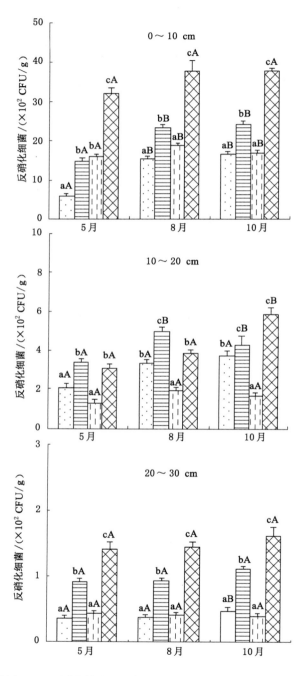

续图 3.2　不同植被类型固氮菌、硝化细菌和反硝化细菌数量

林。8月和10月,3种植被类型土壤中细菌、放线菌和真菌数量明显较摞荒地高,且不同植被间真菌的差异性并不随季节变化而变化,而细菌、放线菌数量因季节变化而有所不同。细菌在8月和10月均表现为混交林和沙棘灌木林较高;放线菌在8月表现为混交林和沙棘灌木林较高,但10月变为沙棘灌木林和华北落叶松人工林较高。10～20 cm和20～30 cm土壤深度的细菌、放线菌和真菌数量变化表现出与0～10 cm相似的规律,各植被恢复类型均高于摞荒地,且以混交林最高,并且不同植被类型间大多呈显著性差异。

不同样地0～10 cm土层的细菌和放线菌数量均随季节变化而显著增加;而不同样地的真菌数量随季节变化规律有所不同,摞荒地和华北落叶松人工林的真菌数量8月最高,而沙棘灌木林和混交林不同月份变化较小。不同样地10～20 cm和20～30 cm土层细菌随季节变化规律整体与0～10 cm相同,而放线菌和真菌却有所不同,其中5～10月放线菌数量在沙棘灌木林、华北落叶松人工林和摞荒地3个样地有所减少或者变化较小;5～10月真菌数量在摞荒地和华北落叶松人工林2个样地数量减少或变化不大。

5月混交林和沙棘灌木林的0～10 cm土层中的固氮菌和硝化细菌数量显著高于摞荒地的,而华北落叶松人工林与摞荒地间无显著差异;3种植被类型反硝化细菌均显著高于摞荒地(5.82×10^2 CFU/g)的,表现为混交林最高,为31.88×10^2 CFU/g,沙棘灌木林和华北落叶松人工林间差异不显著,分别为14.58×10^2 CFU/g和15.97×10^2 CFU/g。8月和10月3种植被类型固氮菌、硝化细菌和反硝化细菌数量与摞荒地比也明显提高,且不同植被类型间硝化细菌的差异不随季节变化而变化,而固氮菌和反硝化细菌随季节变化有所不同。其中固氮菌在8月华北落叶松人工林增加到与混交林、沙棘灌木林同一水平,10月沙棘灌木林和混交林显著高于摞荒地,沙棘灌木林显著高于混交林,华北落叶松人工林显著低于摞荒地;反硝化细菌在8月和10月均表现为混交林高于沙棘灌木林,华北落叶松人工林与摞荒地差异不显著。10～20 cm和20～30 cm土层的固氮菌、硝化细菌和反硝化细菌表现出与0～10 cm相似的规律,各植被类型均高于摞荒地,且以混交林和沙棘灌木林较高(除固氮菌5月以沙棘灌木林和华北落叶松人工林较高)。

0～10 cm土层的固氮菌数量8～10月显著增加,硝化细菌和反硝化细菌5～8月显著增加。不同样地10～20 cm和20～30 cm土层固氮菌、硝化细菌和反硝化细菌的季节变化规律与0～10 cm有所不同。其中,10～20 cm土层,固氮菌和硝化细菌只有混交林在5～8月表现出增加趋势,反硝化细菌在混交林和沙棘灌木林2个样地都出现增加。20～30 cm土层,固氮菌和硝化细菌在华北落叶松人工林变化不大,反硝化细菌除在摞荒地有所增加外,其他样地均变化不大。

植被类型和恢复年限均影响土壤中不同凋落物的积累与释放,进而造成土壤有机质质量、土壤容重、pH值和微生物量等成分的差异。其不同的林地土壤环境的差异给予了土壤微生物不同的生长条件,进而影响到土壤微生物的结构和多样性(傅民杰等,2009)。该研究结果表明植被恢复后微生物数量总的来说混交林和沙棘灌木林较高,华北落叶松人工林较低,这与针阔混交林较单一的针叶林土壤肥力高有关(杨喜田等,2006;黄志宏等,2007;徐文煦等,2009;Hackl et al.,2004)。一些研究表明土壤肥力对微生物群落组成有影响,硝化细菌更易在肥沃的土壤生长,重要的原因是在肥沃的土壤里,铵态氮的供应较在贫瘠的土壤多(莫江明等,1997),本书也发现在混交林和沙棘灌木林中硝化细菌数量更多(图3.2),而在营养成分相对低的情况下,真菌与细菌间比例会比较高(Gronli et al.,2005;Wallenstein et al.,2006),我们也发现在土壤碳氮含量较低的样地中真菌比例较高。

夏季天气湿热,植物根系向地下运输的有机物较多,有利于微生物生长和繁殖(刘满强等,2003),秋季气温虽有所下降,根系死亡输入大量营养成分,因而土壤微生物较为适宜的生长繁殖条件并未改变(张文婷等,2008),不同微生物数量基本上表现出与此类似的季节变化趋势。而张文婷等(2008)认为秋季比较干燥和寒冷的条件不利于细菌的生长,因此细菌数量有所下降,与本书的研究结果不同可能与研究地土壤含水量有关,本书中整个采样过程发现土壤含水量较高,不可能成为土壤微生物生长繁殖的限制因子。

第二节　土壤微生物生物量

土壤微生物生物量是指某一时间单位面积或体积栖息地内所含 $5\sim10~\mu m^3$ 活的微生物总量,但活的植物体如植物根系等不包括在内,它是活的土壤有机质部分。其主要部分包括土壤微生物生物量碳(Soil Microbial Biomass Carbon,MBC)和土壤生物量氮(Soil Microbial Biomass Nitrogen,MBN),其中微生物生物量碳占微生物干物质的 $40\%\sim45\%$,微生物氮的组成成分包括蛋白质、多肽、氨基糖和核酸等。微生物生物量碳、氮尽管占土壤有机碳、氮比例少,但是土壤中最活跃的有机质组分,其周转速率对土壤碳、氮循环和植物生长营养起着重要的作用,其变化可直接或间接地反映土壤耕作制度和土壤肥力的变化,并可以反映土壤污染的程度。

近30年来,国外许多学者对土壤微生物生物量的测定方法进行了比较系统的研究,但由于土壤微生物的多样性和复杂性,还没有发现一种简单、快速、准确、适应性广的方法。目前广泛应用的方法包括三磷酸腺苷法、底物诱导呼吸法、氯仿熏蒸法等。三磷酸腺苷法的原理是由于 ATP 是所有生命体的能量储存物质,ATP 只存在于活的细胞体内,而且其含量相对稳定,因此可通过土壤中 ATP 含量的测定,估算出土壤中微生物的生物量;底物诱导呼吸法起源于纯培养研究,微生物对易利用底物的反映强度与微生物量存在线性关系,可用于土壤微生物量的测定。氯仿熏蒸法的原理是:土壤经氯仿熏蒸处理,微生物被杀死,细胞破裂后,细胞内容物释放到土壤中,导致土壤中的可提取碳、氨基酸、氮、磷和硫等大幅度增加。下面将具体介绍氯仿熏蒸浸提法。

氯仿熏蒸浸提法是通过土壤经氯仿熏蒸处理,微生物被杀死,细胞破裂后,细胞内容物释放到土壤中,将土壤中的可提取碳、氨基酸、氮、磷和硫浸提,通过测定浸提液中全碳的含量可以计算土壤微生物生物量。

浸提液中碳可用重铬酸钾容量法测定,也可用微量碳分析仪测定。我们测定时用比较简单的重铬酸钾容量方法。浸提液中氮可用过硫酸钾氧化-紫外分光光度法测定。浸提液在过硫酸钾存在条件下,经高压消煮,将亚硝酸根、铵以及有机态氮均转化成硝酸根,在紫外分光光度计上于 220 nm 和 275 nm 处分别测出吸光度 A220 和 A275,用其校正吸光度 $A(A=A_{220}-A_{275})$ 在工作曲线上查出硝酸根浓度,从而计算出总氮。

一、操作步骤

(1) 采样与样品预处理:土壤样品的采集方法和要求与测定其他土壤性质时没有本质区别。采集到的新鲜土壤样品立即去除植物残体、根系和可见的土壤动物(如蚯蚓)等,放在低温下(2～4 ℃)保存。将土壤样品调节到 40% 左右的田间持水量,在室温下放在密闭的装置中预培养 1 周,密闭容器中要放入两个适中的烧杯,分别加入水和稀 NaOH 溶液,以保持其湿度和吸收释放的 CO_2。预培养后的土壤最好立即分析,也可放在低温下(2～4 ℃)保存。

(2) 熏蒸:准确称取相当于 25.0 g 烘干土重的湿润土壤 3 份,将土样放置盛有 100 mL 纯化氯仿的干燥器内,抽真空产生氯仿蒸气。于 25 ℃放置 24 h,然后取出氯仿,反复抽真空去除氯仿。

(3) 浸提:熏蒸结束后,熏蒸处理过的土壤样品和未进行熏蒸处理的对照土壤样品转移到 250 mL 塑料瓶中,加入 100 mL 硫酸钾溶液(硫酸钾溶液：土重=4：1),在振荡机上振荡浸提 30 min(25 ℃),用定量滤纸过滤。同时做不加土壤的空白对照。

(4) 微生物生物量碳的测定:重铬酸钾氧化法。

(5) 微生物生物量氮的测定:过硫酸钾氧化-紫外分光光度法。

准确吸取浸提液 2.0 mL 于 25 mL 具塞比色管中。加入氧化剂溶液 5 mL，用水定容至 25 mL，放入高压蒸气灭菌器中，120 ℃保持 30 min，冷却。可直接在紫外分光光度计上用波长 220 nm 和 275 nm 测定 A_{220} 和 A_{275}，用 1 cm 石英比色皿。

二、结果计算

（1）微生物生物量碳的计算，公式如下：

$$\omega(C) = E_c / K_{E_c}$$

式中　$\omega(C)$——微生物生物量碳的质量分数，mg/kg；

　　　E_c——熏蒸土样 SOC 量与未熏蒸土样 SOC 量之差，mg/kg；

　　　K_{E_c}——氯仿熏蒸杀死的微生物体中的碳（C）被浸提出来的比例，一般取 0.38。

（2）微生物生物量氮的计算，公式如下：

$$\omega(N) = P_i \times V_1 \times t_s / (m \times K_{E_N})$$

式中　$\omega(N)$——微生物生物量的氮质量分数，mg/kg；

　　　P_i——从工作曲线上查得氮的浓度，mg/L；

　　　V_1——消化液总体积，mL；

　　　t_s——稀释倍数；

　　　m——烘干土质量，g；

　　　K_{E_N}——熏蒸杀死的微生物中的氮被 K_2SO_4 所提取的比例，常取 0.45。

第三节　土壤微生物丰度

一、实时定量 PCR

细菌和古菌可以通过 16S rRNA 基因作为靶基因，而真菌可以通过 18S rRNA 基因作为靶基因，而功能菌群可通过特定的功能基因作为靶基因，利用实时荧光定量 PCR 对细菌和 SRP 群落的丰度进行检测。定量 PCR 反应在 iCycler IQ5（Bio-Rad，USA）仪器上进行。根据实验需求设计探针和引物，探针为 5'端以 FAM（6-carboxy-fluorescien）标记作为荧光报告染料，3'端以 TAMRA（6-carboxy-tetra-methylrhodamine）标记作为荧光淬灭染料。DNA 聚合酶一般使用 SYBR® Premix Ex TaqTM 试剂盒（TaKaRa，Japan）。每个循环中荧光收集在 83 ℃下进行，排除由于引物二聚体的存在所引起的误差。设

置溶解曲线以检测扩增产物的特异性,其反应程序在55 ℃至99 ℃之间,每0.5
℃读数,其间停留10 s。起始模板浓度由C_t值确定。数据分析采用仪器自带软
件iCycler进行分析。

标准曲线的制作,首先要建立需定量的相关基因片段的克隆库,随机挑选阳
性克隆子用LB液体培养基扩大培养。取约1 mL新鲜菌液送往测序公司对插
入片段进行测序。再取约1 mL新鲜菌液用来提取质粒。质粒提取使用
MiniBEST质粒纯化试剂盒(TaKaRa,Japan),进行纯化。提取的质粒用微量核
酸蛋白质分析仪Nanodrop检测浓度和纯度。

按照以下公式计算目的基因的拷贝数:拷贝数＝质粒浓度/每个碱基的标准
分子量/(插入片段碱基数 ＋ 载体碱基数)× 6.02 × 1 023。其中,每个碱基的
标准分子量默认为324.5 bp;pGEM-T Easy载体的长度为3 015 bp。将纯化的
质粒按照10倍稀释梯度依次稀释为标准样品。一般实验中选$10^3 \sim 10^8$范围的
标准样品制作标准曲线。将标准样品和待测样品一起进行荧光定量PCR,每个
样品做三次重复,根据标准曲线计算出样品中目的基因的拷贝数,最后以基因拷
贝数每克干土为单位进行分析。

二、矿区生态复垦模式下的土壤微生物丰度

本节将以孝义矿区不同植被恢复方式和施肥处理下(样地具体信息见第二
章)的土壤细菌、古菌和真菌丰度进行介绍。细菌、古菌和真菌实时荧光定量
PCR、所使用的PCR引物及反应条件见表3.1。

不同植被修复类型和施肥处理下土壤细菌、古菌和真菌的rRNA基因丰度
及其间丰度比例分别见图3.3和图3.4。从图3.3可以看出季节变化会显著影响
土壤微生物rRNA基因丰度,从4月到7月基因丰度呈增长趋势。除在7月的
油松林地外,施肥对于土壤细菌基因丰度影响并不显著,同样对于土壤古菌和真
菌基因丰度的影响在多数情况下也不显著。相较于施肥处理,植被修复类型对
土壤微生物基因丰度的影响更为显著,在7月土壤微生物基因丰度在不同植被
修复类型间差异更为明显。

施肥效应对土壤微生物基因丰度影响并不显著,但其对不同域微生物基因
丰度比值的影响较为显著,但因植被修复类型、季节以及不同域微生物之间的比
例而有所差异(图3.4)。在4月植被修复类型对细菌和古菌基因丰度间的影响
显著,在7月植被修复类型显著效应更为显著,细菌与真菌间的比例在不同植被
修复类型间差异也显著,而古菌与真菌之间比例因植被修复类型不同的差异性
较小。

研究中施肥处理改善了土壤有机碳和总氮含量,对植被生长的影响局限于

表 3.1　　定量 PCR 和 T-RFLP 的 PCR 中使用引物、探针和条件

群落	引物和探针	序列(5'-3')	反应体系	反应条件
		实时定量 PCR		
细菌	Primer Bact1369FB	CGGTGAATACGTTCYCGG	25 μL:12.5 μL Premix Ex TaqTM, 1 μL BSA, 0.5 μL 引物和探针, 2 μL 模板,8.5 μL H₂O	95 ℃ 变性 10 s; 35 循环: 95 ℃ 变性 15 s, 56 ℃ 退火延伸 1 min
	Primer Prok1492R	GGWTACCTTGTTACGACTT		
	Probe TM1389F	CTTGTACACACCGCCCGTC		
古菌	Primer Ar364aF	CGGGGYGCASCAGGCGCGAA	25 μL:12.5 μL of SYBR® Premix Ex TaqTM, 1 μL BSA, 0.5 μL 引物, 2 μL 模板, 8.5 μL H₂O	94 ℃ 变性 30 s, 40 循环:94 ℃ 变性 20 s, 59 ℃ 退火 30 s, 72 ℃ 延伸 30 s
	Primer Ar934b	GTGCTCCCCGCCAATTCCT		
真菌	Primer NS1	GTAGTCATATGCTTGTCC	25 μL:12.5 μL of SYBR® Premix Ex TaqTM, 1 μL BSA, 0.5 μL 引物, 2 μL 模板, 8.5 μL H₂O	95 ℃ 变性 3 min, 40 循环:95 ℃ 变性 10 s, 55 ℃退火 30 s, 72 ℃延伸 1 min
	Primer FUNG	CATTCCCCGTTACCCGTTG		
		T-RFLP 的 PCR		
细菌	Primer 27F-FAM	GAGTTTGATCCTGGCTCAG	50 μL: 5 μL 10 × PCR 缓冲液（MgCl₂, 2 mmol）, 4 μL 2.5 mmol dNTPs, 0.5 μL EX-Taq polymerase (5 U/μL), 1 μL 引物, 1 μL BSA, 4 μL 模板, 33.5 μL H₂O(细菌、古菌和真菌的反应体系)	94 ℃ 变性 5 min; 35 循环:94 ℃ 变性 45 s, 54 ℃ 退火 45 s, 72 ℃ 延伸 90 s; 最后 72 ℃ 延伸 10 min
	Primer 1492R	ACGGCTACCTTGTTACGACT		
古菌	Primer Ar364aF	CGGGGYGCASCAGGCGCGAA		94 ℃ 变性 2 min;35 循环:94 ℃ 变性 45 s, 58 ℃ 退火 60 s, 72 ℃ 延伸 60 s;最后 72 ℃ 延伸 10 min
	Primer Ar934b-FAM	GTGCTCCCCGCCAATTCCT		
真菌	Primer NS1-FAM	GTAGTCATATGCTTGTCC		94 ℃ 变性 5 min; 35 循环:94 ℃ 变性 30 s, 56 ℃ 退火 60 s, 72 ℃ 延伸 60 s; 最后 72 ℃ 延伸 10 min
	Primer FUNG	CATTCCCCGTTACCCGTTG		

注:0.5 μL 引物是指前后引物各 0.5 μL,1 μL 引物是指前后引物各 1 μL。

对百脉根生长发育的影响,而对于微生物 rRNA 基因的拷贝数的影响并不显著(图3.3),这可能由于与土壤微生物生长繁殖相关的活性碳库未受到施肥处理的显著影响。这与在其他研究中报道的施肥可以促进土壤微生物量相矛盾(蔡晓布,2002;Liang et al.,2011),这种差异可能主要是与施肥处理不同,其他研究中施肥处理为长期施肥,而本研究中只是底肥施用。但我们发现有机肥对于细菌、古菌和真菌生长的影响有所差异,7 月有机肥处理下其细菌与真菌或古菌与真菌间比值显著低于对照样地(图 3.4),说明有机肥对土壤真菌生长的促进效应更大。

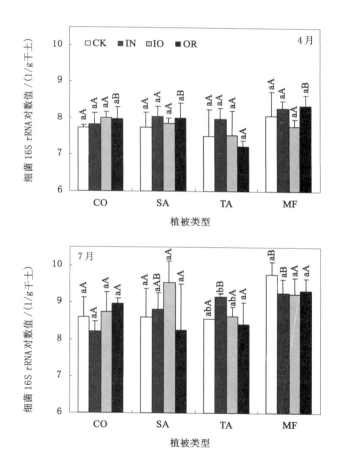

图 3.3　不同植被修复类型和肥料处理下土壤细菌、古菌和真菌的 rRNA 基因丰度

(数值为三个重复的平均值,垂直标线为标准偏差)

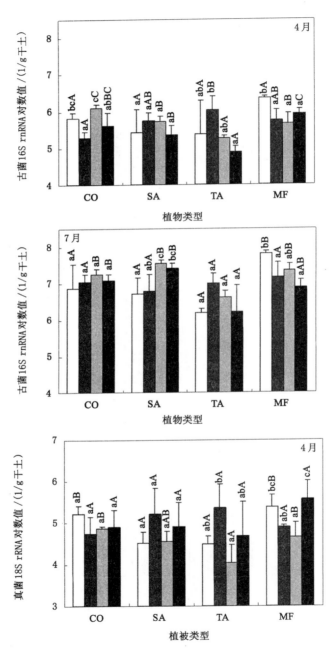

续图 3.3　不同植被修复类型和肥料处理下土壤细菌、古菌和真菌的 rRNA 基因丰度
（数值为三个重复的平均值，垂直标线为标准偏差）

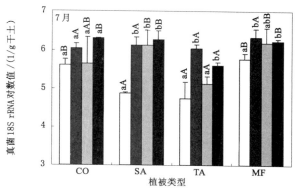

续图 3.3　不同植被修复类型和肥料处理下土壤细菌、古菌和真菌的 rRNA 基因丰度
（数值为三个重复的平均值，垂直标线为标准偏差）

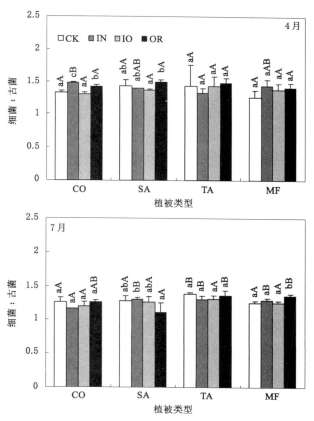

图 3.4　不同植被修复类型和肥料处理下土壤细菌、古菌和真菌间 rRNA 基因丰度比例
（数值为三个重复的平均值，垂直标线为标准偏差）

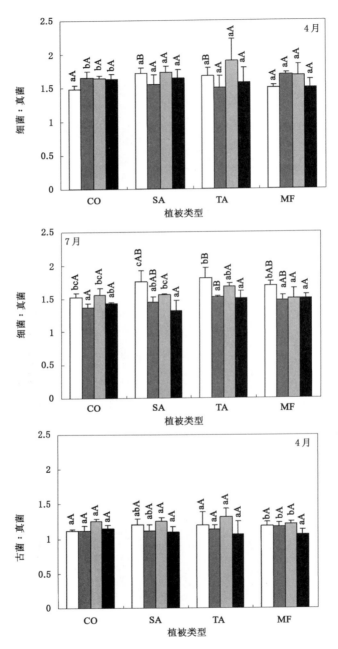

续图 3.4　不同植被修复类型和肥料处理下土壤细菌、古菌和真菌间 rRNA 基因丰度比例
（数值为三个重复的平均值，垂直标线为标准偏差）

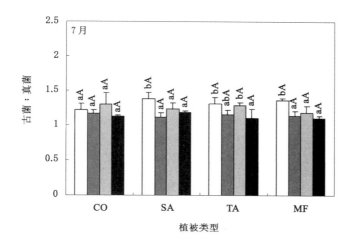

续图 3.4　不同植被修复类型和肥料处理下土壤细菌、古菌和真菌间 rRNA 基因丰度比例
（数值为三个重复的平均值,垂直标线为标准偏差）

三、不同植被方式下土壤氨氧化细菌和古菌

针对位于吕梁山中段的关帝山庞泉沟自然保护区实验区八道沟,四种不同植被方式即撂荒地、沙棘灌木林、华北落叶松人工林和华北落叶松-白桦-山杨混交林 4 个样地的氨氧化细菌和古菌的丰度进行了测定。氨氧化细菌的定量 PCR 引物为 A_{189}（5'-GGHGACTGGGAYTTCTGG-3'）和 amoA-2R（5'-CCTCKGSAAAGCCTTCTTC-3'）,探针为 Probe A337（TTCTACTGGTG-GTCRCACTACCCCATCAACT）,扩增片段长度为 670 bp,扩增条件为 95 ℃变性 15 min,接下来 40 个循环 94 ℃变性 60 s,57 ℃退火 45 s,72 ℃延伸 45 s。氨氧化古菌的定量 PCR 引物为 Arch-amoAF(5'-STAATGGTCTGGCTTAGACG-3')和 Arch-amoAR(5'-GCGGCCATCCATCTGTATGT-3'),扩增片段长度为 635 bp,扩增条件为 94 ℃,变性 2 min,接下来 40 个循环 94 ℃变性 45 s,53 ℃退火 60 s,68 ℃延伸 45 s。另外,对与氨氧化代谢相关氨氧化潜势进行了测定。

从图 3.5 中可看出不同的植被下氨氧化潜势存在的显著差异,混交林中最高,而华北落叶松人工林最低。不同样地的氨氧化细菌和古菌 amoA 基因丰度在图 3.6 中列出,其中最高的细菌 amoA 和最低的古菌 amoA 基因丰度均出现在了混交林,并且与人工林和撂荒地间存在显著的差异[图 3.6(a)]。沙棘灌木林的氨氧化细菌和古菌的 amoA 基因丰度与其他样地间没有显著的差异,但其氨氧化古菌与细菌间 amoA 基因丰度比值与撂荒地及混交林间存在显著的差异[图 3.6(b)],只

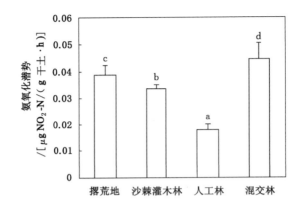

图 3.5 不同植被恢复样地的土壤氨氧化潜势

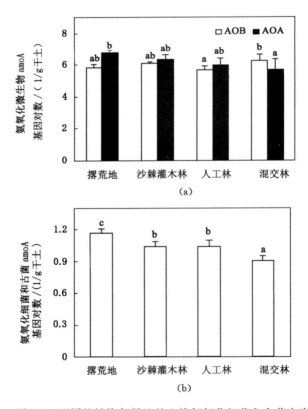

（a）

（b）

图 3.6 不同植被恢复样地的土壤氨氧化细菌和古菌丰度

有在混交林中氨氧化细菌的丰度高于氨氧化古菌丰度,而在其他样地中均是氨氧化古菌的 amoA 丰度占优。土壤氨氧化潜势与氨氧化细菌丰度间存在显著的相关性($P<0.01$),而与氨氧化古菌之间不相关(图 3.7),这说明在黄土高原地区虽然氨氧化古菌普遍存在,但在氨氧化过程中发挥重要作用的为氨氧化细菌。

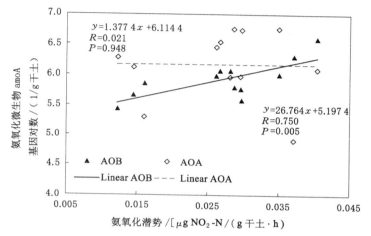

图 3.7　土壤氨氧化潜势与氨氧化细菌和古菌丰度的相关性

参 考 文 献

DALAL R C,HENDERSON P A,GLASBY J M, 1991. Organic-Mat-Ter and Microbial Biomass in a Vertisol after 20-YR of Zero-Tillage[J]. SOIL BIOLOGY & BIOCHEMISTRY,23(5):435-441.

DE DEYN G B,RAAIJMAKERS C E,VAN DER PUTTEN W H, 2004. Plant community development is affected by nutrients and soil biota[J]. JOURNAL OF ECOLOGY,92(5):824-834.

FIERER N,JACKSON R B, 2006. The diversity and biogeography of soil bacterial communities[J]. PROCEEDINGS OF THE NATIONAL ACADEMY OF SCIENCES OF THE UNITED STATES OF AMERICA,103(3):626-631.

GRONLI K E,FROSTEGARD A,BAKKEN L R,et al,2005. Nutrient and carbon additions to the microbial soil community and its impact on tree seedlings in a boreal spruce forest[J]. PLANT AND SOIL,278(1-2):275-291.

HACKL E,ZECHMEISTER-BOLTENSTERN S,BODROSSY L,et al,

2004. Comparison of diversities and compositions of bacterial populations inhabiting natural forest soils[J]. APPLIED AND ENVIRONMENTAL MICROBIOLOGY,70(9):5057-5065.

LIANG B,YANG X,HE X,et al,2011. Effects of 17-year fertilization on soil microbial biomass C and N and soluble organic C and N in loessial soil during maize growth[J]. BIOLOGY AND FERTILITY OF SOILS,47(2):121-128.

MAILA M P,RANDIMA P,SURRIDGE K,et al,2005. Evaluation of microbial diversity of different soil layers at a contaminated diesel site[J]. INTERNATIONAL BIODETERIORATION & BIODEGRADATION,55(1):39-44.

PARR J F,PAPENDICK R I,1997. Soil quality:Relationships and strategies for sustainable dryland farming systems[J]. ANNALS OF ARID ZONE,36(3):181-191.

PIATEK K B,ALLEN H L,1999. Nitrogen mineralization in a pine plantation fifteen years after harvesting and site preparation[J]. SOIL SCIENCE SOCIETY OF AMERICA JOURNAL,63(4):990-998.

WALLENSTEIN M D,MCNULTY S,FERNANDEZ I J,et al,2006. Nitrogen fertilization decreases forest soil fungal and bacterial biomass in three long-term experiments[J]. FOREST ECOLOGY AND MANAGEMENT,222(1-3):459-468.

WATT M,HUGENHOLTZ P,WHITE R,et al. 2006. Numbers and locations of native bacteria on field-grown wheat roots quantified by fluorescence in situ hybridization (FISH) [J]. ENVIRONMENTAL MICROBIOLOGY,8(5):871-884.

蔡晓布,2002. 不同培肥方式对西藏中部退化土壤的影响[J]. 水土保持学报(2):12-15.

傅民杰,王传宽,王颖,等,2009. 四种温带森林土壤氮矿化与硝化时空格局[J]. 生态学报,29(7):3747-3758.

黄志宏,田大伦,梁瑞友,等,2007. 南岭不同林型土壤微生物数量特征分析[J]. 中南林业科技大学学报(3):1-4,13.

刘满强,胡锋,何园球,等,2003. 退化红壤不同植被恢复下土壤微生物量季节动态及其指示意义[J]. 土壤学报(6):937-944.

莫江明,郁梦德,孔国辉,1997. 鼎湖山马尾松人工林土壤硝态氮和铵态氮动态研究[J].植物生态学报(4):40-42.

　　徐文煦,王继华,张雪萍,等,2009.大兴安岭森林土壤微生物生态分布研究[J].哈尔滨师范大学自然科学学报,25(1):67-70.

　　杨喜田,宁国华,董惠英,等,2006.太行山区不同植被群落土壤微生物学特征变化[J].应用生态学报(9):1761-1764.

　　张文婷,吕家珑,来航线,等,2008.黄土高原不同植被坡地土壤微生物区系季节性变化[J].中国土壤与肥料(6):74-77.

第四章　土壤微生物多样性

关于土壤微生物在恢复生态学中的研究主要集中于两个方面：一方面是通过土壤微生物熟化剂和肥料等综合生物措施，克服退化和预期生态系统之间的生物障碍，从而加快生态恢复速度(Hobbs et al.,2001)。在生态恢复过程中，真菌通过菌丝体将土壤矿质颗粒连接并形成网状，在构建土壤结构方面发挥重要作用，细菌分泌的胶质物将这些颗粒黏结，使土壤颗粒间结构更为稳定(Harris,2009)。在矿区和沙漠等脆弱生态系统恢复过程中菌根制剂应用最为广泛，这是由于菌根微生物与其共生植物之间相互作用，可以提高植物的抗旱、抗病等抗逆性，从而显著促进植物的成活、生长和发育(Caravaca et al.,2003;Teste et al.,2008;Booth et al.,2010)。另一个方面是关于某一特定恢复阶段或环境条件下土壤微生物群落特征。研究报道表明，土壤细菌和真菌的生物量和多样性均随着退化生态系统的恢复进程呈增加趋势(Nemergut et al.,2007;Hollister et al.,2010)，且土壤真菌和细菌生物量间的比值会增大(Van Der Wal et al.,2006;Lauber et al.,2008)，这与地上植被输入土壤的有机质有关(Holtkamp et al.,2008)。在生态恢复过程中不同的植被恢复模式、管理方式及本底污染物浓度和种类等均会影响土壤微生物群落系特征(Nautiyal et al.,2010;Douterelo et al.,2010;Marshall et al.,2011;Ladygina et al.,2010)。

土壤微生物在有机质降解和土壤养分循环中起重要作用，进而影响植被产量和群落动态，以及土壤结构的形成(Wardle et al.,2004;Van Der Heijen,2008)。土壤的生物和生态功能是退化陆地生态系统恢复和持续发展的关键，且土壤微生物的群落结构和多样性可以作为评价土壤恢复质量的敏感因子(Zornoza et al.,2009)。同时随着微生物分子生物学手段的发展，DGGE/TGGE[Denaturing or Thermal Gradient Gel Electrophoresis(Muyzer et al.,1998)]、SSCP[Single Strand Conformation Polymorphism(Schwieger et al.,1998)]、RISA[Ribosomal Intergenic Spacer Analysis (Fisher et al., 1999)]、T-RFLP[Terminal Restriction Fragment Length Polymorphism(Liu et al.,1997)]等方法的应用，提供了丰富和翔实的微生物生态学信息，尤其近几年高通量测序和 Geo-chip 的应用，使我们对于普通和功能微生物群落的生态学更为深入(Oepik et al.,2009;Liang et al.,2011)。下面将对

土壤微生物多样性的分析方法做一些介绍。

第一节 变性梯度凝胶电泳

变性梯度凝胶电泳(Denaturing Gradient Gel Electrophoresis,DGGE)是根据 DNA 在不同浓度的变性剂中解链行为的不同而导致电泳迁移率发生变化,从而将片段大小相同而碱基组成不同的 DNA 片段分开。具体而言,就是将特定的双链 DNA 片段中碱基组成不同,在碱基配对中 A-T 间有两对氢键,而 G-C 间氢键为三对,特定的双链 DNA 片段的变性条件不一致,因此在含有从低到高的线性变性剂梯度的聚丙烯酰胺凝胶中电泳,随着电泳的进行,DNA 片段向高浓度变性剂方向迁移,当它到达其变性要求的最低浓度变性剂处,双链 DNA 形成部分解链状态,这就导致其迁移速率变慢,由于这种变性具有序列特异性,G-C 含量高的变性所需浓度高,迁移最快,而 A-T 含量较高的在较低的变性剂浓度下就容易解开双链,迁移较慢,因此 DGGE 能将同样大小的 DNA 片段很理想地分开,它是一种很有用的分子标记方法。该方法已广泛用于分析自然环境中细菌、蓝细菌,古菌、微型真核生物、真核生物和病毒群落的生物多样性。这一技术能够提供群落中优势种类信息并同时分析多个样品,具有可重复和操作简单等特点,适合于调查种群的时空变化,并且可通过对条带的序列分析或与特异性探针杂交分析鉴定群落组成。

下面将以安太堡矿区不同植被恢复模式下的土壤细菌和真菌多样性通过 DGGE 获得的指纹图谱进行实例分析。土壤样品依次为 HG(弃耕地),HL(对照样地),MX(苜蓿地)、CH(刺槐林)、YC(刺槐-油松混交林)、YCN(刺槐-油松-柠条混交林)和 SCNS(沙棘-刺槐-柠条-沙枣混交林)。

提取土壤 DNA,进行 PCR 扩增,土壤细菌 16S rDNA(V3 区)通用引物为:338F-GC(5'-CGCCCGCCGCGCGCGGCGGGCGGGGGCGGGGGCACGGGGGGCCTACGGGAGGCAGCAG-3')和 518R(5'-ATTACCGCGGCTGGTGG-3');真菌 18S rDNA 通用引物为:NS1(5'-GTAGTCATATGCTTGTCTC-3')和 GC-Fang(5'-CGCCCGCCGCGCCCCGCGCCCGGCCCGCCGCCCCCGCCCCATTCCCCGTTACCCGTTG-3')采用 50 μL 的反应体系,其中 5 μL 的 10× Buffer、4 μL 的 dNTP(2.5 mmol)、1 U Taq 酶、引物量各为 10 pmol、DNA 模板量为 10 ng。细菌的 16S rRNA 基因使用 Touchdown 法进行扩增,程序是 94 ℃ 预变性 5 min;94 ℃ 1 min,65 ℃ 1 min,72 ℃ 3 min(退火温度每循环降 0.5 ℃,共 20 个循环,降至 55 ℃);94 ℃ 1 min,55 ℃ 1 min,72 ℃ 3 min(共 10 个循环);72 ℃ 终延伸 10 min;真菌 18S rRNA 基因的扩增程序是 94 ℃ 预变性 3

min;94 ℃ 1 min,50 ℃ 1 min,72 ℃ 3 min(共 40 个循环),72 ℃终延伸 10 min。

使用 10%聚丙烯酰胺凝胶,制胶和电泳缓冲液为 1×TAE,垂直胶分析确定样本的最佳浓度梯度范围,点样量为 300 g,具体操作步骤按仪器操作说明。根据垂直胶分析结果设置最佳变性浓度梯度进行样品的 DGGE 平行胶分析,最适浓度梯度为 30%~60%,电泳电压为 120 V,时间为 8 h,点样量为 300 g。电泳完毕后,用 Sybr GreenⅡ对 DGGE 胶进行染色。30 min 后,进行拍照。使用 Quantaty one 4.6.2 软件对所得图片进行 UPGMA 和分析。使用 Shannon-Weiner 指数和 Simpson 指数来表示土壤微生物群落多样性,计算公式为:

（1）Shannon-Wiener 多样性指数:

$$H' = -\sum P_i \ln P_i \tag{4.1}$$

（2）Simpson 多样性指数:

$$D = 1 - \sum P_i^2 \tag{4.2}$$

（3）Pielou 均匀度指数:

$$E = H'/\ln S \tag{4.3}$$

其中 P_i 为样品的多度值,S 为每个样品中的电泳条带数目。

图 4.1 是不同样地土壤细菌和真菌群落 DGGE 电泳图谱,可见经过变性梯度凝胶电泳分离到不同的条带。在各样地间具有的共有条带说明这些微生物为该地区土壤中的常见类型,广布于该类型土壤之中。其中细菌图谱为沙棘-刺槐-柠条-沙枣混交林的条带最多,其次是弃耕地,再次是刺槐-油松混交林和刺槐林、刺槐-油松-柠条混交林。苜蓿地的条带数目最少,低于对照样地。真菌的图谱分析为:沙棘-刺槐-柠条-沙枣混交林的条带数最多,其次为油松-刺槐混交林;再次为刺槐林和油松-刺槐-柠条混交林、灰黎地,以及弃耕地和苜蓿地。

香农指数（H）是研究群落物种数及其个体数和分布均匀程度的综合指标,是目前应用最为广泛的群落多样性指数之一,辛普森指数（D）是评价某些最常见种的优势度指数。表 4.1 是不同样地的土壤细菌和真菌多样性分析结果,不同植被模式下土壤细菌多样性有明显变化,沙棘-刺槐-柠条-沙枣混交林的香农指数最高,为 3.313;苜蓿地最低,为 2.181。同时,弃耕地的辛普森指数最高,为 0.601,其次是沙棘-刺槐-柠条-沙枣混交林,为 0.582。此外,从均匀度指数（E）看,各样地的均匀度较为接近。从表 4.1 中可见不同植被模式下土壤真菌的多样性不同,刺槐-油松混交林的香农指数最高,为 3.290;其次是沙棘-刺槐-柠条-沙枣混交林,为 3.286。从辛普森指数来看,刺槐-油松混交林指数最高,为 0.598,但各恢复模式均与对照样地差别不大。此外,各样地均匀度指数较为接近,差别不明显。

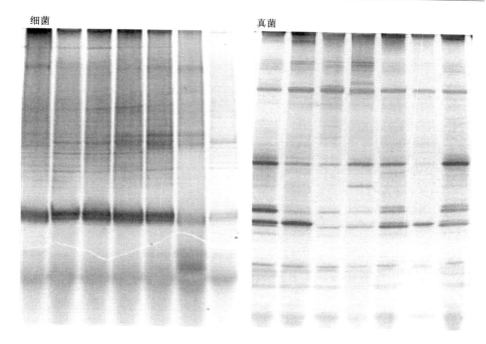

图 4.1　不同样地土壤细菌和真菌的 DGGE 图谱

（注：细菌图谱从左至右依次为 YCN、CH、YC、HG、SCNS、HL、MX；真菌图谱从左至右
依次为 SCNS、YC、CH、YCN、HG、MX、HL）。

表 4.1　　　　　　　　　不同样地土壤细菌和真菌的多样性指数

样地	细菌			真菌		
	H	D	E	H	D	E
HG	3.189	0.601	0.994	3.070	0.575	0.979
HL	2.829	0.527	0.998	3.260	0.593	0.989
MX	2.181	0.466	0.981	2.864	0.535	0.991
CH	3.017	0.556	0.991	3.206	0.584	0.996
YC	3.059	0.563	0.990	3.290	0.598	0.987
YCN	2.595	0.506	0.983	3.193	0.582	0.992
SCNS	3.313	0.582	0.991	3.286	0.590	0.997

不同样地间细菌群落的相似度，从表 4.2 中可见刺槐林与刺槐-油松混交林的细菌群落相似度最高，为 82％；其次是沙棘-刺槐-柠条-沙枣混交林与弃耕地，为 76％。真菌群落相似度分析表明刺槐林与刺槐-油松混交林的相似度最高，

为 76%；其次是沙棘-刺槐-柠条-沙枣混交林与刺槐-油松混交林，相似度为 74%；不同植被模式下的真菌群落有一定的共同性，相似度为 44%。

表 4.2　　　　　　　不同样地土壤细菌和真菌群落的相似性　　　　单位：%

	样地	HG	HL	MX	CH	YC	YCN
细菌	HL	49					
	MX	32	42				
	CH	75	49	32			
	YC	75	50	37	82		
	YCN	57	48	31	60	59	
	SCNS	76	52	47	71	79	59
真菌	HL	58					
	MX	44	49				
	CH	46	50	60			
	YC	51	58	65	76		
	YCN	54	47	60	68	69	
	SCNS	56	56	53	60	74	67

第二节　末端限制性片段长度多态性

末端限制性片段长度多态性（Terminal Restriction Fragment Length Polymorphism，T-RFLP），主要是设计适当的扩增引物，使扩增片段包括某个或数个多态性的限制性内切酶识别序列，在 PCR 扩增后用该限制酶切割 PCR 产物，产生不同长度大小、不同数量的限制性酶切片段，因重复单位数目的不同而呈现高度多态。该技术是利用限制性内切酶能识别 DNA 分子的特异序列，并在特定序列处切开 DNA 分子，即产生限制性片段的特性，对于不同种群的生物个体而言，他们的 DNA 序列存在差别。如果这种差别刚好发生在内切酶的酶切位点，并使内切酶识别序列变成了不能识别序列或是这种差别使本来不是内切酶识别位点的 DNA 序列变成了内切酶识别位点。这样就导致了用限制性内切酶酶切该 DNA 序列时，就会少一个或多一个酶切位点，结果产生少一个或多一个的酶切片段。该技术已被广泛用于基因组遗传图谱构建、基因定位以及生物进化和分类的研究。常用的限制性内切酶一般是 HindⅢ、BamHⅠ、EcoRⅠ、EcoRⅤ和 XbaⅠ等，而分子标记则有几个甚至上千个。分子标记越多，则所构建的图谱就越饱和。

　　本节以孝义矿区不同植被模式和施肥类型下的土壤细菌、古菌和真菌的 T-RFLP 特征进行介绍,样地的具体情况见第二章。细菌、古菌和真菌的 rRNA 的 PCR 扩增产物,采用限制性内切酶 Hha Ⅰ、Msp Ⅰ 和 Hae Ⅲ 酶切,酶切反应体系为:20 μL 包括 5 U 的限制性内切酶,2 μL 酶切反应缓冲液,500 ng PCR 产物,最后以灭菌双蒸水补足;酶切反应体系置于 37 ℃下保持 3 h,高温限制性内切酶失活。使用核酸测序仪 ABI PRISM 3700 (Applied Biosystems,USA) 进行基因扫描。T-RFLP 图谱分析使用 GeneMapper (Applied Biosystems,USA) 软件进行分析。根据标准样品 GeneScan-500 LIZ (Applied Biosystems,USA) 的检测范围,选取长度在 50～500 bp 之间的片段进行分析。计算出每个检测峰的峰面积占所有检测峰的峰面积的百分比,其中荧光强度小于 100 U 并且相对峰面积百分含量小于 1% 的检测峰将不被包括在数据分析之内。表 4.3 列出了 T-RFLP 的 PCR 中使用的引物、探针和条件。

表 4.3　　　　　　　　 T-RFLP 的 PCR 中使用的引物、探针和条件

	引物探针	序列(5'-3')	反应体系	反应条件
细菌	27F-FAM	GAGTTTGATCCTG-GCTCAG	50 μL 反应体系:5 μL 10 × PCR 缓冲液 ($MgCl_2$, 2 mmol), 4 μL 2.5 mmol dNTPs, 0.5 μL EX-Taq 聚合酶 (5 U/μL), 1 μL 引物, 1 μL BSA, 4 μL 模板, 33.5 μL H_2O	94 ℃变性 5 min;35 循环:94 ℃变性 45 s, 54 ℃退火 45 s, 72 ℃延伸 90 s; 72 ℃延伸 10 min
	1492R	ACGGCTACCTTGT-TACGACT		
古菌	Ar364aF	CGGGGYGCASCAG-GCGCGAA		94 ℃变性 5 min;35 循环:94 ℃变性 45 s, 58 ℃退火 45 s, 72 ℃延伸 60 s; 72 ℃延伸 10 min
	Ar934b-FAM	GTGCTCCCCCGC-CAATTCCT		
真菌	NS1-FAM	GTAGTCATATGCT-TGTCC		94 ℃变性 5 min;35 循环:94 ℃变性 30 s, 56 ℃退火 30 s, 72 ℃延伸 60 s; 72 ℃延伸 10 min
	FUNG	CATTCCCCGTTAC-CCGTTG		

　　土壤微生物 rRNA 基因分别采用了限制性内切酶 Hha Ⅰ,Hae Ⅲ 和 Msp Ⅰ 进行酶切,其中经限制性内切酶 Hha Ⅰ 酶切而获得的 T-RFLP 见图 4.2。土壤细菌 16S rRNA 基因 T-RFLP 中,77 bp 片段的比例最高,对于不同植被修复类型均有其特定片段。在土壤古菌 16S rRNA 基因不同长度片段中,320 bp 的酶切片段的相对丰度最高,136 bp 和 141 bp 的酶切片段只出现乔木复垦方式的样

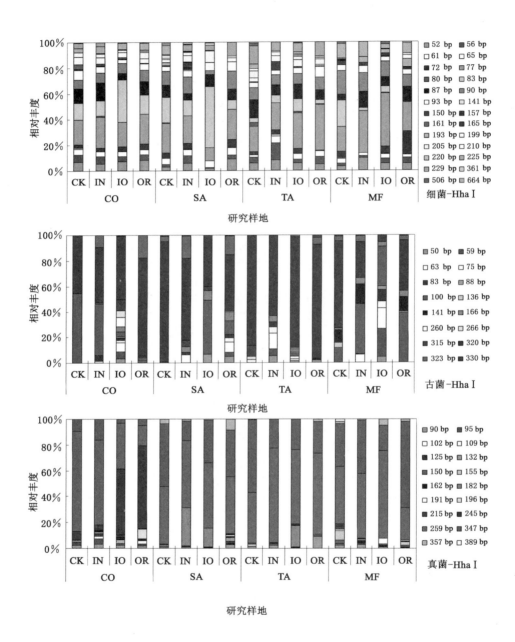

图 4.2　不同植被修复类型和肥料处理下土壤细菌、古菌和真菌 rRNA 基因
HhaⅠ酶切的 T-RFLP 特征

地中,而在草本复垦的样地没有发现,另外小于 88 bp 酶切片段只出现施肥的样地中。在真菌 18S rRNA 的 T-RFLP 中,植被修复类型和施肥处理均影响着不同酶切片段组成和相对丰度,259 bp 酶切片段是所有样地中相对丰度较大的,在百脉根样地的无机肥＋有机混合肥中,245 bp 酶切片段含量较高,而在其他三个复垦方式中,酶切片段 347 bp 的相对丰度较高。

　　季节、植被修复类型和施肥处理对土壤细菌、古菌、真菌以及总菌的交互影响的分析见表 4.4,这三个因素对土壤微生物多样性的影响因微生物群落、多样性指标和限制性内切酶不同而呈现出不同效应。土壤细菌和总菌多样性指数总体上受上述因子的显著影响较少,尤其是据 HaeⅢ酶切片段所得细菌和总微生物的多样性指数对取样时间、植被修复类型和施肥处理响应更为不敏感。土壤古菌的多样性指数比细菌、真菌以及总微生物受这三个因素单独及其交互影响更为显著,在 HhaⅠ酶切中尤为明显。植被修复类型和施肥处理对 MspⅠ酶切所得土壤多样性指数多数情况下影响不显著。上述三因素对多样性指数的影响效应最大的是取样时间,植被修复类型次之,施肥处理影响最小。

表 4.4　植被类型、施肥和季节对土壤微生物丰度指数、多样性指数和均匀度指数影响

	细菌				古菌				真菌				总菌			
	S	H'	D	E	S	H'	D	E	S	H'	D	E	S	H'	D	E
	HhaⅠ															
季节	ns	ns	* *	ns	* *	* *	* *	* *	* *	* *	*	ns	* *	* *	* *	* *
植被类型	* *	* *	* *	* *	* *	* *	* *	* *	* *	* *	ns	ns	ns	ns	ns	ns
施肥	ns	*	* *	ns	* *	* *	* *	ns	*	ns	* *	ns	ns	ns	ns	ns
季节×植被类型	ns	ns	ns	*	* *	* *	* *	* *	* *	* *	ns	*	*	ns	ns	ns
季节×施肥	ns	ns	* *	ns	ns	ns	ns	ns	ns	ns	ns	ns	*	ns	*	* *
植被类型×施肥	ns	ns	*	ns	ns	ns	*	ns	* *	* *	ns	ns	ns	ns	ns	ns
季节×植被类型×施肥	ns	ns	ns	ns	ns	* *	* *	* *	* *	* *	ns	ns	ns	ns	ns	ns
	HaeⅢ															
季节	ns	ns	ns	ns	* *	* *	* *	* *	* *	* *	* *	* *	* *	* *	* *	* *
植被类型	ns	ns	ns	ns	* *	* *	* *	* *	* *	* *	* *	* *	ns	* *	*	* *
施肥	ns	ns	ns	ns	*	* *	* *	ns	ns	ns	ns	ns	ns	ns	ns	ns

续表 4.4

	细菌				古菌				真菌				总菌			
	S	H'	D	E	S	H'	D	E	S	H'	D	E	S	H'	D	E
								HaeⅢ								
季节×植被类型	ns	ns	ns	ns	ns	*	*	*	*	*	*	ns	*	ns	ns	ns
季节×施肥	*	ns	ns	ns	ns	ns	ns	ns	ns	ns	ns	ns	ns	ns	ns	*
植被类型×施肥	ns	ns	ns	ns	*	*	*	*	ns	ns	*	*	ns	ns	ns	ns
季节×植被类型×施肥	ns	ns	ns	ns	ns	*	ns	*	*	ns	*	ns	ns	ns	ns	ns
								MspⅠ								
季节	*	*	*	*	*	*	*	*	*	*	*	*	*	*	*	*
植被类型	*	ns	ns	*	ns	ns	ns	*	ns	*	ns	ns	ns	ns	ns	ns
施肥	ns	ns	*	*	ns	ns	ns	*	*	ns	ns	ns	ns	ns	ns	ns
季节×植被类型	*	ns	ns	ns	*	ns	ns	ns	*	ns	ns	ns	ns	ns	ns	*
季节×施肥	*	*	*	*	ns	ns	ns	ns	*	ns	ns	ns	ns	ns	ns	ns
植被类型×施肥	ns	ns	ns	ns	ns	ns	ns	ns	ns	ns	ns	ns	ns	ns	ns	*
季节×植被类型×施肥	ns	ns	ns	ns	ns	*	*	*	ns	ns	ns	ns	ns	ns	ns	ns

注：＊＊指 $P<0.01$ 水平显著影响；＊指 $P<0.05$ 水平显著影响；ns 指影响不显著。

另外,将以安太堡矿区不同的植被恢复模式下的矿区土壤微生物多样性为例进行阐述。样地分别为 CK(覆土但未修复)、其余 5 个为复垦 18 年的样地,包括 PL(刺槐林)、MF1(刺槐-油松)、MF2(沙棘-柠条)、MF3(柠条-沙枣-榆树)和 MF4(沙棘-柠条-沙枣),对土壤细菌、古菌和真菌的 rRNA 基因进行了扩增,并对其进行限制性内切酶 HhaⅠ和 MspⅠ分别进行了酶切,并分析了 T-RFLP 多样性。

从图 4.3 中可以看出,不同样地的不同长度限制性酶切片段比例不同,如在 CK 和 MF2 样地比例最高为 60 bp 限制性酶切片段,PL 和 MF1 为 208 bp 的片段,MF3 中为 230 bp 的片段;古菌中除了 MF4 的样地外,187 bp 的限制性酶切片段基本占了一半;MF4 样地比例最高为 350 bp 限制性酶切片段,而其他样地中比例最高的为 257 bp。不同样地均具有各自特异性土壤细菌、古菌和真菌的限制性酶切片段。

图 4.4 所示为土壤细菌、古菌和真菌的限制性酶 HhaⅠ切片段的丰富度、多样性和均匀度指数。4 个混交林中的土壤细菌丰富度和多样性指数均显著高于

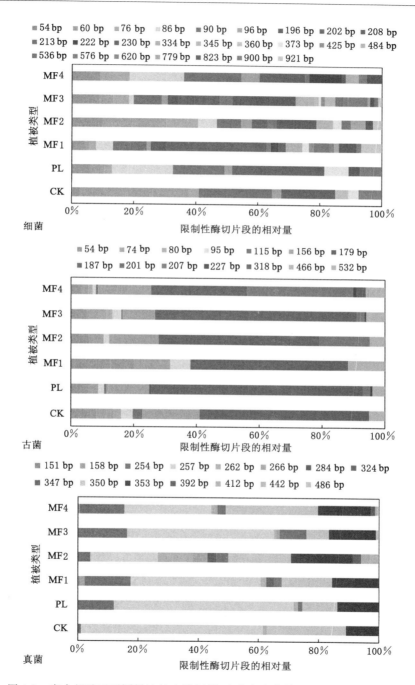

图 4.3 安太堡矿区不同样地的土壤细菌、古菌和真菌的 T-RFLP 酶切片段组成

对照和刺槐林,对照样地均匀度指数显著低于混交林。土壤古菌的多样性指数在各个样地间差异不显著,而丰富度和均匀度指数不同样地间差异显著。对照样地的真菌丰富度显著低于 MF1 样地和 MF4 样地,4 个混交林样地间的多样性指数差异不显著,但显著高于对照地和 PL 样地,土壤真菌的均匀度指数只在对照地和 MF2 样地间存在显著差异。

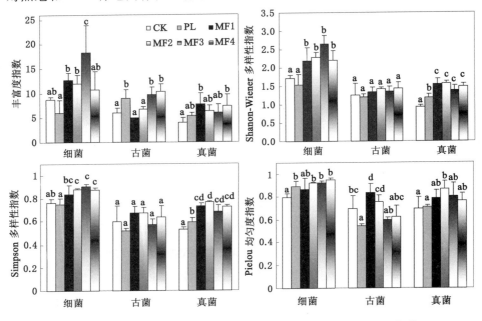

图 4.4 安太堡矿区不同样地的土壤细菌、古菌和真菌的多样性指数

第三节 高通量测序

自从 1977 年以 Sanger 双脱氧核苷酸末端终止法为代表的第一代测序技术帮助人们完成了第一个完整基因组图谱的绘制以来,测序技术不断发展进步。进入 21 世纪后,以 Roche 454、IlluminaGA 和 ABI SOLID 测序系统为代表的第二代测序技术诞生了,第二代高通量测序则避免了 Sanger 测序中所需的繁琐的克隆过程,大大减少了工作量,提高了效率。第二代测序技术具有测序通量高、速度快及测序成本低等优点。近年来第三代测序技术快速发展,其最大特点是单分子测序,测序过程无须进行 PCR 扩增,基本原理为:DNA 聚合酶和模板结合,4 色荧光标记 4 种碱基(即是 dNTP),在碱基配对阶段,不同碱基的加入,会发出不同光,根据光的波长与峰值可判断进入的碱基类型。目前,第二代短读长

测序技术在微生物多样性测定方面仍然占主要地位。

将以 Illumina 公司的 Solexa 和 Hiseq 测序技术简单地对第二代高通量测序技术进行介绍,均是采用边合成边测序的方法,它的测序过程主要分为以下 4 步:

(1)DNA 待测文库构建:利用超声波把待测的 DNA 样本打断成 $200\sim500$ bp 小片段,并在这些小片段的两端添加上不同的接头,构建出单链 DNA 文库。

(2)Flowcell 是用于吸附流动 DNA 片段的槽道,当文库建好后,这些文库中的 DNA 在通过 flowcell 的时候会随机附着在 flowcell 表面的 channel 上, channel 的表面都附有很多接头,这些接头能和建库过程中加在 DNA 片段两端的接头相互配对,在其表面进行桥式 PCR 的扩增。

(3)桥式 PCR 扩增与变性:桥式 PCR 以 Flowcell 表面所固定的接头为模板,进行桥形扩增,经过扩增和变性循环,DNA 片段将集中成束将碱基的信号强度放大,以达到测序所需。

(4)测序:向反应体系中同时添加 DNA 聚合酶、接头引物和带有碱基特异荧光标记的 4 种 dNTP,加入激发荧光所需的缓冲液,用激光激发荧光信号,并用光学设备完成荧光信号的记录,最后利用计算机分析将光学信号转化为测序碱基。

将以安太堡不同复垦年限的油松林的土壤细菌、古菌和真菌的多样性为例进行介绍。包括 12 个不同复垦年限的油松林样地的具体信息见表 4.5。

表 4.5　　　　　　不同复垦年限样地的土壤理化性质

样地编号	恢复年限/a	pH	全氮/(g/kg)	全碳/(g/kg)	含水量/%
AY1	1	$7.55\pm0.02a$	$0.38\pm0.04a$	$14.25\pm1.98a$	$7.67\pm1.32a$
AY2	2	$7.65\pm0.12a$	$0.31\pm0.02a$	$16.54\pm2.12a$	$8.79\pm1.98a$
AY3	4	$7.06\pm0.35a$	$0.39\pm0.06a$	$16.58\pm1.76a$	$5.35\pm1.52a$
AY4	5	$7.19\pm0.04a$	$1.02\pm0.32c$	$33.35\pm9.56c$	$6.17\pm1.88a$
AY5	6	$7.68\pm0.34a$	$0.42\pm0.02a$	$15.32\pm3.34a$	$13.33\pm2.48b$
AY6	8	$7.79\pm0.27a$	$0.54\pm0.03ab$	$16.19\pm2.67a$	$13.08\pm1.11b$
AY7	10	$8.01\pm0.43a$	$0.64\pm0.05b$	$16.36\pm4.43a$	$10.13\pm2.32ab$
AY8	15	$8.15\pm0.62a$	$0.58\pm0.03ab$	$15.98\pm3.62a$	$7.26\pm1.29a$
AY9	18	$7.93\pm0.29a$	$0.78\pm0.02b$	$19.05\pm1.29ab$	$10.22\pm2.10ab$
AY10	20	$8.00\pm0.32a$	$0.77\pm0.04b$	$21.60\pm2.23b$	$10.97\pm1.91a$
AY11	22	$7.81\pm0.14a$	$0.92\pm0.11c$	$20.44\pm2.014b$	$11.81\pm0.98b$
AY12	25	$7.92\pm0.53a$	$0.75\pm0.03b$	$18.49\pm0.87ab$	$11.97\pm2.01b$

注:表中数值为平均值±标准误差,字母相同表示样地间 $P<0.05$ 水平上无显著差异。

不同复垦年限油松林土壤细菌、古菌和真菌多样性指数见表 4.6。从表中可以看出,复垦 5 年高质量的土壤细菌序列量快速达到了一个相对稳定的状态,而土壤古菌约需 19 a 的复垦时间才达到了稳定状态;土壤真菌的 OTUs 数目在起始复垦的 6 年内无显著提升,在样地 AY11(22 a)的复垦样地的真菌 OTUs 显著高于其他样地。细菌的最高和最低的多样性指数分别在 AY10 和 AY1;土壤古菌的多样性在起始复垦 6 a 内无显著变化,在复垦 19 a 后期多样性维持在相对稳定状态;样地 AY5、AY8 和 AY11 真菌多样性指数与其他样地均无显著差异性,AY7 和 AY11 样地的土壤真菌多样性指数比其他样地较高。

表 4.6 **不同复垦年限油松林的土壤细菌、古菌和真菌的可操作分类单元数量和多样性指数**

	可操作分类单元数量			Shannon 多样性指数		
	细菌	古菌	真菌	细菌	古菌	真菌
AY1	2 109±58a	285±21a	987±52a	7.15±0.26a	5.41±0.30a	6.82±0.25a
AY2	3 442±128b	292±20a	1 093±58a	8.45±0.38b	5.76±0.21ab	6.93±0.25a
AY3	3 557±112b	414±22b	1 032±54a	9.01±0.43bc	5.36±0.40a	6.79±0.25a
AY4	4 493±167c	348±19a	1 063±56a	9.22±0.34c	4.93±0.38a	6.99±0.26a
AY5	4 329±191c	661±35c	1 219±64b	9.21±0.34c	6.59±0.34b	7.43±0.27ab
AY6	5 112±220c	391±21ab	1 203±64b	9.40±0.24cd	4.78±0.38a	7.23±0.26a
AY7	4 422±194c	942±30e	1 454±77bc	9.22±0.34c	6.23±0.23b	7.65±0.28b
AY8	5 329±168c	599±32c	1 111±59a	9.43±0.55bc	5.44±0.30a	7.45±0.27ab
AY9	5 085±209c	802±41d	1 186±63ab	9.29±0.34c	6.19±0.42b	7.19±0.26a
AY10	6 508±211d	808±43d	1 149±61a	9.64±0.65d	6.64±0.34b	6.92±0.25a
AY11	5 384±230c	934±42e	1 676±88c	9.36±0.24c	6.50±0.14b	7.76±0.28b
AY12	5 256±185c	813±44d	1 364±72b	9.32±0.54c	6.43±0.44b	7.48±0.27ab

另外,对安太堡不同植被恢复模式的土壤理化和植被群落特征以及土壤细菌、古菌和真菌的多样性影响进行了分析,经偏相关分析发现植被和土壤理化因子在不同微生物多样性和群落演替进程中起着的作用不同,植被是细菌和古菌基因多样性指数的主要因子,而真菌多样性指数主要受土壤理化因子的影响(图 4.5)。

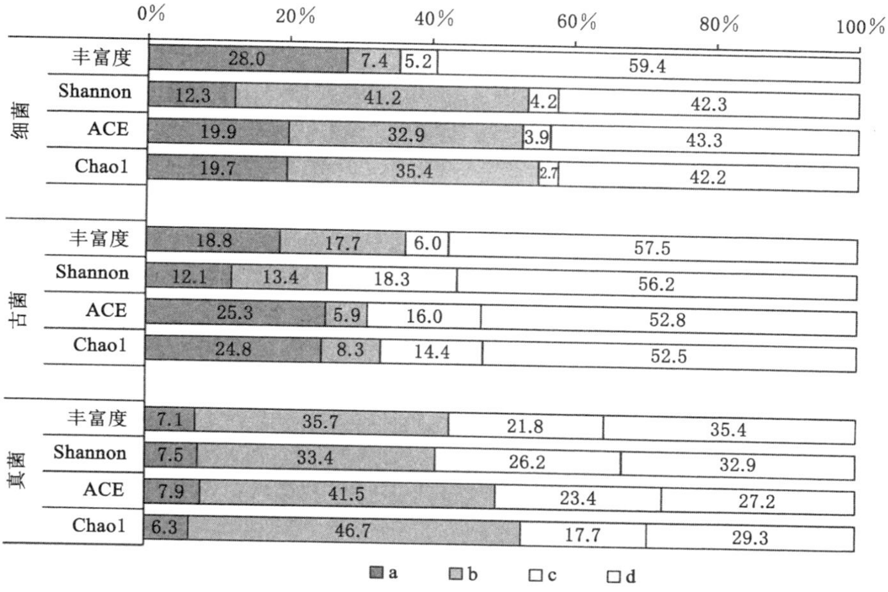

图 4.5　偏相关分析土壤细菌、古菌和真菌多样性指数与植被和土壤间关系

参 考 文 献

BOOTH M G, HOEKSEMA J D, 2010. Mycorrhizal networks counteract competitive effects of canopy trees on seedling survival[J]. ECOLOGY, 91(8): 2294-2302.

CARAVACA F, BAREA J M, PALENZUELA J, et al, 2003. Establishment of shrub species in a degraded semiarid site after inoculation with native or allochthonous arbuscular mycorrhizal fungi[J]. APPLIED SOIL ECOLOGY, 22(PII S0929-1393(02)00136-12):103-111.

DOUTERELO I, GOULDER R, LILLIE M, 2010. Soil microbial community response to land-management and depth, related to the degradation of organic matter in English wetlands: Implications for the in situ preservation of archaeological remains[J]. APPLIED SOIL ECOLOGY, 44(3):219-227.

FISHER M M, TRIPLETT E W, 1999. Automated approach for ribosomal intergenic spacer analysis of microbial diversity and its application to freshwater bacterial communities[J]. APPLIED AND ENVIRONMENTAL MICROBIOLOGY,65 (10):4630-4636.

HARRIS J, 2009. Soil Microbial Communities and Restoration Ecology: Facilitators or Followers? [J]. SCIENCE,325(5940):573-574.

HOBBS R J, HARRIS J A, 2001. Restoration ecology: Repairing the Earth's ecosystems in the new millennium[J]. RESTORATION ECOLOGY, 9(2):239-246.

HOLLISTER E B, SCHADT C W, PALUMBO A V, et al, 2010. Structural and functional diversity of soil bacterial and fungal communities following woody plant encroachment in the southern Great Plains[J]. SOIL BIOLOGY & BIOCHEMISTRY,42(10):1816-1824.

HOLTKAMP R, KARDOL P, VAN DER WAL A, et al, 2008. Soil food web structure during ecosystem development after land abandonment[J]. APPLIED SOIL ECOLOGY,39(1):23-34.

LADYGINA N, HEDLUND K, 2010. Plant species influence microbial diversity and carbon allocation in the rhizosphere[J]. SOIL BIOLOGY & BIOCHEMISTRY,42(2):162-168.

LAUBER C L, STRICKLAND M S, BRADFORD M A, et al, 2008. The influence of soil properties on the structure of bacterial and fungal communities across land-use types[J]. SOIL BIOLOGY & BIOCHEMISTRY, 40 (9): 2407-2415.

LIANG Y, VAN NOSTRAND J D, DENG Y, et al, 2011. Functional gene diversity of soil microbial communities from five oil-contaminated fields in China[J]. ISME JOURNAL,5(3):403-413.

LIU W T, MARSH T L, CHENG H, et al, 1997. Characterization of microbial diversity by determining terminal restriction fragment length polymorphisms of genes encoding 16S rRNA[J]. APPLIED AND ENVIRONMENTAL MICROBIOLOGY,63(11):4516-4522.

MARSHALL C B, MCLAREN J R, TURKINGTON R, 2011. Soil microbial communities resistant to changes in plant functional group composition[J]. SOIL BIOLOGY & BIOCHEMISTRY,43(1):78-85.

MUYZER G, SMALLA K, 1998. Application of denaturing gradient gel electrophoresis (DGGE) and temperature gradient gel electrophoresis (TGGE) in microbial ecology[J]. ANTONIE VAN LEEUWENHOEK INTERNA-

TIONAL JOURNAL OF GENERAL AND MOLECULAR MICROBIOLOGY,73(1):127-141.

NAUTIYAL C S,CHAUHAN P S,BHATIA C R, 2010. Changes in soil physico-chemical properties and microbial functional diversity due to 14 years of conversion of grassland to organic agriculture in semi-arid agroecosystem [J]. SOIL & TILLAGE RESEARCH,109(2):55-60.

NEMERGUT D R,ANDERSON S P,CLEVELAND C C,et al, 2007. Microbial community succession in an unvegetated,recently deglaciated soil[J]. MICROBIAL ECOLOGY,53(1):110-122.

OEPIK M,METSIS M,DANIELL T J,et al, 2009. Large-scale parallel 454 sequencing reveals host ecological group specificity of arbuscular mycorrhizal fungi in a boreonemoral forest [J]. NEW PHYTOLOGIST, 184 (2): 424-437.

SCHWIEGER F, TEBBE C C, 1998. A new approach to utilize PCR-single-strand-conformation polymorphism for 16s rRNA gene-based microbial community analysis[J]. APPLIED AND ENVIRONMENTAL MICROBIOL-OGY,64(12):4870-4876.

TESTE F P, SIMARD S W, 2008. Mycorrhizal networks and distance from mature trees alter patterns of competition and facilitation in dry Douglas-fir forests[J]. OECOLOGIA,158(2):193-203.

VAN DER HEIJEN M G A, 2008. The unseen majority:Soil microbes as drivers of plant diversity and productivity in terrestrial ecosystems[J]. ECOL-OGY LETTERS,11(6):651.

VAN DER WAL A,VAN VEEN J A,PIJL A S,et al, 2006. Constraints on development of fungal biomass and decomposition processes during restoration of arable sandy soils[J]. SOIL BIOLOGY & BIOCHEMISTRY,38(9): 2890-2902.

WARDLE D A,BARDGETT R D,KLIRONOMOS J N,et al, 2004. Ecological linkages between aboveground and belowground biota[J]. SCIENCE, 304(5677):1629-1633.

ZORNOZA R, GUERRERO C, MATAIX-SOLERA J, et al, 2009. Changes in soil microbial community structure following the abandonment of agricultural terraces in mountainous areas of Eastern Spain[J]. APPLIED SOIL ECOLOGY,42(3):315-323.

第五章　土壤微生物群落

　　土壤微生物群落是在特定时空条件下,生活于具有明显表观特征的土壤中的病毒、细菌、放线菌和土壤藻类等构成的生物的有序集合体。基本特征包括外貌、种类组成与结构(如捕食关系等)、群落环境、分布范围和边界特征等,其区系组成、种群数量、生物活性等与土壤类型、植被、气候等密切相关。目前群落生态学的主要理论构架体系来自植物和动物群落,因此并不完全适用于微生物群落生态学,目前微生物群落构建理论基础主要有三种,即:生态位理论/中性理论和过程理论,多样性-稳定性理论。

　　土壤微生物群落的时空分布规律都是建立于特定的时间和空间尺度乃至分类尺度上的,尺度效应是微生物群落分布的关键问题,在不同的研究尺度上,驱动微生物群落构建机制的差异导致了群落演变规律的变化。由于传统微生物培养方法可获取信息的局限性,土壤微生物多样性空间格局形成机制方面的研究有所滞后,近年来分子生物学技术的应用使得微生物生态学诸多方面获得一定的突破,但关于土壤微生物多样性空间格局形成机制方面并未获得普遍适用的理论,因研究对象、尺度和方法的不同,研究结果会有所差异,甚至相反。目前,对外生菌根真菌的研究更多集中于其生理生化特征,以及局限于样地尺度上不同土壤层的垂直分布特征,并提出了生态位垂直分层机理,但该理论并不普遍适用。生态学研究的关键问题是其研究结论可适用于其他条件、样地和区域的生态系统,因此要探索普遍适用的机制理论,有必要从不同样地尺度进行深入研究其分布格局机制。

　　近几年,从局地、区域、大陆和全球尺度上对土壤微生物多样性空间分布的研究开始逐步增多(Lamb et al.,2011;Shahin et al.,2013;Timling et al.,2012),但由于共生植物的不同、相对采样点少、环境因子选择的不同,以及试验和分析方法不同等原因,在微生物多样性空间格局形成的机制未一致结论,如:外生菌根真菌与宿主植物间是否协同扩散的结论不一致(Hoeksema et al.,2012;Polme et al.,2013),影响外生菌根真菌多样性的环境因子也有所不同(Polme,et al.,2013;Mohammad et al.,2015;Suz et al.,2015)。上述研究中土壤外生菌根真菌大部分是0~20 cm土壤层,垂直分布的研究认为外生菌根真菌多样性随深度增加而增多,这将导致外生菌根真菌多样性信息的遗失(Bornyasz et al.,2005)。另外,这些研究更多地集中于 α 多样性与环境因子间的关系,对 β 多样性与空间距离之间只是简单地模型描述,而对其形成机制深入研究较少,未得出诸如普遍适用于动植物空间格局分布机制的生态位和中性理论。因此,有必要增加采样密度和深度、综合气候和土壤等环境因子、采用可提供更多信息的分子技术手段,分析土壤外生菌根真菌多样性空间格局特点和探究其形成机制,推演外生菌根真菌多样性空间格局形成的理论。

土壤微生物长期以来认为是"黑匣子",分子技术发展推动了其多样性鉴定,1 个 20 cm 的土芯含有数百个真菌分类操作单元(Taylor et al.,2014),共生菌根真菌在土壤碳固定和碳库分解、养分和水分循环、改变土壤孔隙度,以及在不同营养水平为宿主植物提供营养方面发挥着重要作用(Kramer et al.,2013)。下面将对外生菌根真菌在土壤深度、海拔和纬度梯度的空间分布格局研究进展方面进行概述。

第一节　垂　直　分　布

外生菌根真菌垂直分布研究的最初目标是检验生态位分离假设是否可解释真菌多样性沿垂直土壤剖面的分布机制(Bruns,1995),在枯落物和更深土壤层中土壤真菌群落存在明显垂直分布特征,证实了存在生态位垂直分离。在对苏格兰松树林共生的外生菌根真菌研究中发现,其多样性垂直分布特征不是单一的生态位垂直分离机制所能阐明(Anderson et al.,2014)。如此小尺度的多样性机制还不清楚,因此有必要进行深入研究多样性垂直分布机制。简单地重复验证外生菌根真菌垂直生态位划分的假说不太可能显著推动该领域发展,需发展新颖的理论框架来阐明驱动多样性垂直分布的生理机制,进而可掌握外生菌根真菌垂直分层格局在生态系统维持中的功能(Dickie et al.,2014)。

关于外生菌根真菌群落垂直分布特征的研究几乎集中于单一样地,即单一宿主植物的种植区,但生态学的关键问题是其结果能否普遍适用。Hobbie 等(2014)试图通过分析 10 篇研究报道,提出外生菌根真菌垂直分布普遍模式,但该模式并未完全适于不同研究中外生菌根真菌所呈现的垂直分布格局。Anderson 等(2014)在研究中发现土壤表层外生菌根真菌类群较高,与其他研究报道相矛盾。尽管有这些矛盾,对比不同生态系统的研究具有一定意义,进一步交叉比较研究应继续尝试,如可解决不同研究中土层命名的差异,但将不同研究中数据进行归一化统计分析仍是挑战。

第二节 海拔梯度分布

全球范围内气候是生物多样性的主要决定因素,全球气候变化会改变动植物在纬度和海拔上地理分布格局,甚至导致无法迁移物种的死亡(Parmesan,2006)。生物多样性沿气候梯度的信息可预测物种和群落对气候变化的响应。由于相同的气候因子在很大程度上解释生物多样性的纬度和海拔的垂直分布格局,海拔梯度格局不受历史和地理因素的干扰,所以通常采用海拔梯度分布格局来预测大尺度的纬度梯度空间分布格局。相对于纬度梯度,海拔梯度受季节和温度影响较小,生态系统沿海拔梯度变化更为剧烈。高海拔地区低氧浓度、低气压和高紫外辐射的气象条件,导致大幅减少甚至导致一些小种群的死亡,因此很多生物多样性会随着海拔升高而降低,但在一些维管束植物、苔藓和地衣中表现出相反的趋势(Bruun et al.,2010;Desalegn et al.,2010)。

中域效应是一种随机模型,认为在一定的地理区域内物种随机分布的最大活动范围重叠区和最高丰度区位于中域位置(Bornyasz et al.,2005),该效应可解释日本富士山土壤外生菌根真菌丰度和多样性空间分布特征(Miyamoto et al.,2014)。对伊朗北部不同海拔土壤外生菌根真菌多样性和群落的研究中发现,水热条件是外生菌根真菌多样性格局的驱动者,片段化生境中环境因子对外生菌根真菌扩散影响效应尤为明显(Mohammad et al.,2015),中域效应模型并不适于该地区土壤外生菌根真菌沿海拔梯度分布特征。

第三节 不同区域尺度分布

生物地理学科研究区域和全球生物多样性分布,海洋和陆地的大型生物全球分布生物地理格局主要归因于与纬度协同变化的历史和环境因素,多样性的纬度梯度格局成为生态学和生物地理学的基本原则(Tittensor et al.,2010)。然而,微生物生物地理学已经收到了很少的关注。分子识别技术的快速发展,尤其是核糖体 DNA 序列分析,促进了诸如细菌、真菌和原生动物等微生物地理学的发展。有研究表明,微生物群落也存在着扩散限制模式的生物地理模式(Cheng et al.,2013),而也有研究认为,微生物的分布格局是环境选择条件下的全球性随机分布('everything is everywhere,but,the environment selects')(Haiyan et al.,2010;Queloz et al.,2015),微生物生物地理学分布格局机制的争论仍在继续。

全球外生菌根真菌估计有 20 000~25 000 种,隶属 60 多个独立进化谱系。

对外生菌根真菌多样性的区域、大陆和全球尺度研究均有所报道,但关于主导外生菌根真菌空间分布格局的因子有所不同。有研究发现宿主植物的空间格局是主导外生菌根真菌空间分布特征的主要因子(Cheng et al.,2013;Lamb et al.,2011),还有研究发现环境因子是外生菌根真菌空间分布的主要驱动者(Bruun et al.,2010;Azul et al.,2009;Bruns,1995;Wen et al.,2015),也有研究认为是环境因子与宿主植物协同驱动外生菌根真菌分布格局(Polme et al.,2013;Mohammad et al.,2015;Timling et al.,2012)。

第四节　土壤微生物群落测定方法

当前常用于进行微生物群落多样性的方法主要有生理学、磷脂脂肪酸法、分子生物学等方法,但目前快速发展的以高通量代表的等分子生物学方法最为通用。高通量测序在第四章进行了较为详细的介绍,本节将对磷脂脂肪酸(Phospholipid Fatty Acid,PLFA)法和克隆文库进行介绍。

一、磷脂脂肪酸法

磷脂脂肪酸(PLFA)是活体微生物细胞膜的重要组分,周转速率快且随细胞死亡而迅速分解。不同类群的微生物能通过不同的生化途径合成不同的PLFA,部分PLFA总是固定出现在同一类群的微生物中,而在其他类群的微生物中很少出现。许多学者采用PLFA技术研究了不同环境条件下作物栽培方式和类型、植物种类及气候气象变化、土地耕作方式等一些因素对土壤微生物群落的影响。

土壤微生物的PLFA通常以酯化C19：0为内标,步骤如下:

(1)预处理:在试验前,将需要用土进行冷冻干燥处理。

(2)提取:取5 g土样,用体积比为1：2：0.8的氯仿：甲醇：柠檬酸溶液振荡提取所有脂类。

(3)过柱纯化:通过SPE硅胶柱,先后用氯仿、甲醇、丙酮淋洗分离中性脂质和糖脂,之后更换新的接样试管收集产物。

(4)甲基化:先分别加入试剂溶解样品水解脂肪,然后水浴加热。

(5)清洗:加入碱性溶液混匀待其分层后,取上层液与干净螺口管中,氮气吹干。

(6)上机用正己烷溶解样品,转移至内插管,然后放入气象色谱仪的进样器,准备测定PLFA成分。

二、克隆文库

鉴于环境基因组总 DNA 是涵盖环境中各种微生物基因组的混合物,难于直接进行研究,通常是通过研究基因组中的生物标志物来研究环境中微生物的多样性。例如,16S rRNA 基因被广泛应用在原核生物生态学研究,某些功能基因 pmoA、amoA 及 dsrAB 基因分别被用于研究甲烷营养菌、氨氧化细菌或古菌及硫还原菌。基因文库分析的步骤大致如下,首先提取环境基因组总 DNA 并进行必要的纯化,随后通过 PCR 的方法扩增保守序列,得到样品中不同微生物标识基因的混合物,接着将纯化后的 PCR 产物与载体连接后,转入大肠杆菌中,在鉴定为阳性克隆以后,即得到相应的克隆文库。通过对文库中序列的测定可以知道文库的具体微生物物种的组成及其多样性的信息。实际工作中对所有的克隆进行测序难以实现,因此通常需要与限制性片段长度多态性和 DGGE 等方法结合起来进行研究。

PCR 扩增得到的目的基因片段采用 Wizard SV Gel and PCR Clean-Up System（Promega,USA）试剂盒切胶纯化,溶于 30 μL 的灭菌去离子水。所用的载体为 pGEM-T Easy Vector（Promega,USA）,感受态细胞为 Escherichia coli JM109（TaKaRa Biotechnology,Japan）,克隆文库的构建步骤简述如下:

（1）载体连接。将纯化后的 PCR 产物连接到 pGEM-T Easy Vector 上,连接反应时 PCR 产物与载体的摩尔比约为 3∶1。

（2）Escherichia coli 转化。在 42 ℃的水浴中热击 45 s,将载体转化入 Escherichia coli JM109 中,并加入 600 μL 的 SOC 培养基,37 ℃条件下 180 r/min振荡培养 1 h。

（3）鉴定阳性克隆。取转化液 200 μL 涂布到含有 Ampicillin/IPTG/X-Gal 的 LB 培养基上,37 ℃过夜培养,随机挑取 100 个左右白色克隆子,采用菌体直接扩增的方式,使用 pGEM-T Easy Vector 通用引物 T7/SP6 扩增外源插入片段,通过 1％的琼脂糖凝胶电泳方法检验含有插入片段的阳性克隆。

（4）克隆文库的评估。采用 Rarefaction 分析对克隆文库的大小进行评估,运用近似计算法则和 95％的置信区间获得 rarefaction 曲线,目的在于评价构建的克隆文库是否足够大,以确保能获得稳定的序列型丰度。

第五节　土壤微生物群落演替和驱动

土壤微生物和植被间相互作用机理在 21 世纪开始受到关注,Reynolds 等（2003）提出假说,即在群落演替初期植物群落和土壤微生物群落之间为正反馈作用,到演替后期两者之间相互作用为负反馈。植物物种多样性会影响土壤真菌多样性,而细菌多样性更多取决于土壤有机物的质和量(De Deyn et al.,2011)。植物物种独特性导致了土壤微生物系统功能的特异性(Eisenhauer et al.,2010),植物物种丰度和均匀度对氨氧化细菌(amoB)和氨氧化古菌(amoA)群落影响不同,植物物种丰度可促进 amoA 繁殖,对 amoB 没有直接的影响;而植被均匀度可提高 amoB 丰度,对 amoA 有着抑制作用(Lamb et al.,2011)。借鉴植物群落分析方法,对三域微生物进行加权分析群落结构特征及群落动态特征,将有助于更全面科学地了解土壤微生物群落特征和生态学功能。

一、土壤微生物群落组成

下面将以安太堡不同恢复年限的土壤细菌、古菌和真菌的群落组成为例进行介绍,在图 5.1 中,土壤细菌中包括了 17 个门,其中最主要的为变性杆菌门、放线菌门、酸杆菌们、硬壁菌门和拟杆菌门,占到了约 73.48%,在纲分类水平上,放线菌纲和 α 变形菌纲是最多的两个纲。土壤古菌中包括了泉古菌门和广古菌门,其中泉古菌门占了 50% 以上。土壤真菌中子囊菌门和担子菌门的丰度最高,子囊菌门的相对丰度随着复垦年限的延长而有所降低,而担子菌门呈现相反的趋势,不同样地中均含 3 种优势纲真菌,它们分别是伞菌纲、座囊菌纲、粪壳菌纲。

二、土壤微生物群落演替

下面将对孝义矿区不同恢复模式和施肥处理的土壤微生物群落演替特征来进行介绍,为研究土壤微生物群落组成的物种对间关联比,通过 Spearman 秩相关分析获得正负关联比的微生物中间对的数目,正负关联比越高群落越稳定。

根据 HhaⅠ酶切片段,经 Spearman 秩相关分析获得样地物种对间关联比(表 5.1)。不同域微生物因复垦方式和施肥处理均有一定差异性,在苜蓿样地中正负关联比较高,施肥条件下其关联比较高。总微生物的关联比高于三域微生物单独群落的关联比,细菌群落的关联比次之,一般情况下土壤古菌的关联比最低。细菌比古菌和真菌演替进程更快,土壤细菌和植被群落协同演替,而真菌演替滞后于细菌和古菌群落演替。

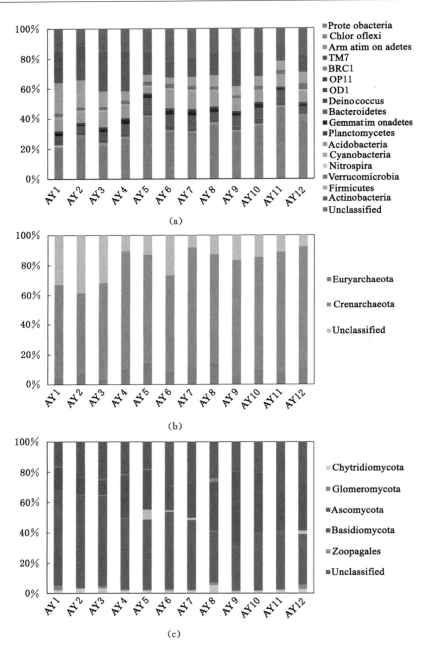

图 5.1　不同恢复年限油松土壤细菌、古菌和真菌群落组成

（a）细菌；（b）古菌；（c）真菌

表 5.1　　　　　　　　矿区复垦区细菌、古菌、真菌和总微生物
种间 Spearman 秩相关正负关联比

	细菌	古菌	真菌	总微生物
CO-CK	0.70	0.50	0.64	0.90
CO-IN	0.73	0.64	0.71	0.93
CO-IO	0.81	0.73	0.71	0.99
CO-OR	0.78	0.57	0.76	1.04
SA-CK	0.80	0.33	0.78	0.84
SA-IN	0.82	0.73	0.80	0.70
SA-IO	0.94	0.57	0.82	0.98
SA-OR	0.84	0.89	0.91	0.94
TA-CK	0.71	0.50	0.71	0.91
TA-IN	0.82	0.50	0.77	0.95
TA-IO	0.71	0.87	0.89	0.96
TA-OR	0.87	0.50	0.76	0.92
MF-CK	0.74	0.65	0.71	0.88
MF-IN	0.70	0.71	0.94	0.97
MF-IO	0.74	0.54	0.76	1.18
MF-OR	0.93	0.74	0.81	0.93

三、土壤微生物群落演替的驱动因子

通过微生物群落组成和环境因子的两个矩阵,通过采用典型关联分析(Canonical Correspondence Analysis,CCA)环境因子和植被群落分布间关系,通过 Monte Carlo permutation test 检验环境因子与植被群落间的显著性,将显著影响微生物群落的因子筛选出,将筛选的显著因子与微生物群落间做 CCA 分析并作图,图 5.2 和图 5.3 分别是在 4 月和 7 月土壤环境因子与土壤微生物群落之间的关系,在 4 月,pH 是显著影响土壤细菌、真菌和总微生物群落的环境因子,而活性碳库 2 是显著影响土壤真菌和总微生物群落组成。而在 7 月活性碳是影响微生物群落的主要环境因子。

在短期植被修复期间,土壤微生物繁殖生长与植物生长发育之间对营养物质的需求存在着竞争关系,而在长期修复进程中,植被修复和微生物群落之间在营养物质的供应和需求方面存在的协同效应(Fang et al.,2007)。在对土壤环境因子与植被群落和微生物群落间关系进行 CCA 的分析中,在 7 月植被和微生物生长繁殖

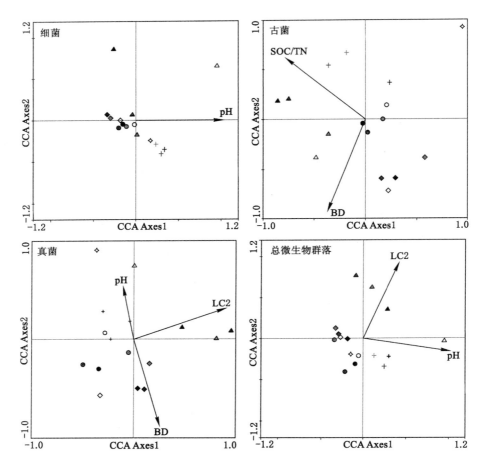

图 5.2　矿区复垦区环境因子与土壤细菌、古菌、真菌和总微生物群落间关系（4 月）

（注：圆形，星状、菱形和三角形分别代表百脉根、苜蓿、油松林和柳树-圆柏混交林；□，■，■ 和 ■ 别代表对照、无机肥、无机肥＋有机肥和有机肥等 4 种不同施肥处理。BD,SOC/TN,LC1 和 LC2 分别代表容重,土壤有机碳和总氮比值,土壤活性碳库 1 和土壤活性碳库 2）。

最旺盛期,影响植被和微生物群落的显著影响因子主要为活性碳,因此可见植被和土壤微生物之间可能存在营养竞争关系,这种竞争现象与植物和微生物生长对营养的需求有关,在其他的研究也发现活性碳或可溶性碳是影响土壤微生物群落的主要因素(Mccrackin et al.,2008),且可促进微生物群落生长(Rumpel et al.,2004)。植被覆盖度最低的百脉根样地,其土壤活性碳含量最高,反映出了在土壤肥力贫瘠土壤进行植被复垦初期,植被对营养物质的消耗,从而与土壤微生物之间竞争营养物质。这可能是由于植被恢复初期,枯落物量少且不能及时降解进入土壤补充,另

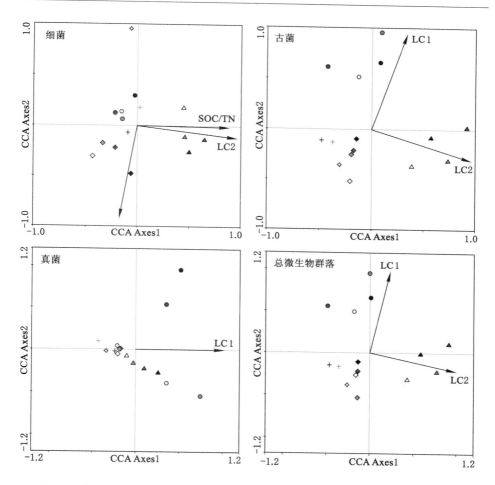

图 5.3 矿区复垦区环境因子与土壤细菌、古菌、真菌和总微生物群落间关系(7 月)

一方面,可能是复垦初期根系的生长速率可能要高于其生长速率,从根系进入土壤的营养物质也有限。

植被修复类型比施肥处理对土壤微生物多样性指数影响更为明显,而且同样植被修复类型下的土壤微生物聚类位置更近,这些结果说明植被修复类型相对于施肥处理是影响土壤微生物更为主要的因子。在德国和捷克斯洛伐克的矿区复垦地研究中也发现,相比于覆土基质,植被类型在土壤微生物群落组成发挥着更为重要的作用,研究者认为这是由于枯落物的质和量差异造成的(Scaron et al.,2005)。处于土壤微生物初级演替期,土壤细菌的正负关联比高于古菌和真菌及地上植被,表明土壤细菌在生态修复初期对于维持生态稳定演替方面发挥着更为重要的作用。Susyanab 等(2011)报道在弃耕地修复初期,土壤细菌发挥着更为重要的作用,而在演替后期真菌群落的繁殖演替更为重要。

参 考 文 献

ANDERSON I C,GENNEY D R,ALEXANDER I J, 2014. Fine-scale diversity and distribution of ectomycorrhizal fungal mycelium in a Scots pine forest[J]. NEW PHYTOLOGIST,201(4):1423-1430.

AZUL A M,CASTRO P,SOUSA J P,et al, 2009. Diversity and fruiting patterns of ectomycorrhizal and saprobic fungi as indicators of land-use severity in managed woodlands dominated by Quercus suber-a case study from southern Portugal[J]. Canadian Journal of Botany,82(12):1711-1729.

BORNYASZ M A,GRAHAM R C,ALLEN M F, 2005. Ectomycorrhizae in a soil-weathered granitic bedrock regolith:linking matrix resources to plants[J]. Geoderma,126(1):141-160.

BRUNS T D, 1995. Thoughts on the processes that maintain local species-diversity of ectomycorrhizal fungi[J]. PLANT AND SOIL,170(1):63-73.

BRUUN H H,MOEN J,VIRTANEN R,et al, 2010. Effects of altitude and topography on species richness of vascular plants,bryophytes and lichens in alpine communities[J]. JOURNAL OF VEGETATION SCIENCE,17(1):37-46.

CHENG G,NAN-NAN S,YUE-XING L,et al, 2013. Host plant genus-level diversity is the best predictor of ectomycorrhizal fungal diversity in a Chinese subtropical forest[J]. MOLECULAR ECOLOGY,22(12):3403-3414.

DE DEYN G B,QUIRK H,BARDGETT R D, 2011. Plant species richness,identity and productivity differentially influence key groups of microbes in grassland soils of contrasting fertility[J]. BIOLOGY LETTERS,7(1):75-78.

DESALEGN W,BEIERKUHNLEIN C, 2010. Plant species and growth form richness along altitudinal gradients in the southwest Ethiopian highlands[J]. JOURNAL OF VEGETATION SCIENCE,21(4):617-626.

DICKIE I A,KOIDE R T, 2014. Deep thoughts on ectomycorrhizal fungal communities[J]. NEW PHYTOLOGIST,201(4):1083-1085.

EISENHAUER N,BESSLER H,ENGELS C,et al, 2010. Plant diversity effects on soil microorganisms support the singular hypothesis[J]. ECOLOGY,

91(2):485-496.

FANG M,MOTAVALLI P P,KREMER R J,et al, 2007. Assessing changes in soil microbial communities and carbon mineralization in Bt and non-Bt corn residue-amended soils[J]. APPLIED SOIL ECOLOGY,37(1):150-160.

HAIYAN C,NOAH F,LAUBER C L,et al,2010. Soil bacterial diversity in the Arctic is not fundamentally different from that found in other biomes [J]. ENVIRONMENTAL MICROBIOLOGY,12(11):2998-3006.

HOBBIE E A,VAN DIEPEN L T A,LILLESKOV E A,et al, 2014. Fungal functioning in a pine forest:evidence from a N-15-labeled global change experiment[J]. NEW PHYTOLOGIST,201(4):1431-1439.

HOEKSEMA J D,VARGAS HERNANDEZ J,ROGERS D L,et al, 2012. Geographic divergence in a species-rich symbiosis: interactions between Monterey pines and ectomycorrhizal fungi[J]. ECOLOGY,93(10):2274-2285.

KRAMER S, MARHAN S, HASLWIMMER H, et al, 2013. Temporal variation in surface and subsoil abundance and function of the soil microbial community in an arable soil[J]. SOIL BIOLOGY & BIOCHEMISTRY(61): 76-85.

LAMB E G, KENNEDY N, SICILIANO S D, 2011. Effects of plant species richness and evenness on soil microbial community diversity and function[J]. PLANT AND SOIL,338(1-2):483-495.

MCCRACKIN M L,HARMS T K,GRIMM N B,et al, 2008. Responses of soil microorganisms to resource availability in urban,desert soils[J]. BIOGEOCHEMISTRY,87(2):143-155.

MIYAMOTO Y, NAKANO T, HATTORI M, et al, 2014. The mid-domain effect in ectomycorrhizal fungi:range overlap along an elevation gradient on Mount Fuji,Japan[J]. ISME JOURNAL,8(8):1739-1746.

MOHAMMAD B,SERGEI P L,URMAS K L,et al, 2015. Regional and local patterns of ectomycorrhizal fungal diversity and community structure along an altitudinal gradient in the Hyrcanian forests of northern Iran[J]. NEW PHYTOLOGIST,193(2):465-473.

PARMESAN C, 2006. Ecological and evolutionary responses to recent climate change[J]. ANNUAL REVIEW OF ECOLOGY EVOLUTION AND SYSTEMATICS(37):637-669.

POLME S,BAHRAM M,YAMANAKA T,et al, 2013. Biogeography of

ectomycorrhizal fungi associated with alders (Alnus spp.) in relation to biotic and abiotic variables at the global scale[J]. NEW PHYTOLOGIST,198(4): 1239-1249.

QUELOZ V,SIEBER T N,HOLDENRIEDER O,et al, 2015. No biogeographical pattern for a root-associated fungal species complex[J]. GLOBAL ECOLOGY & BIOGEOGRAPHY,20(1):160-169.

REYNOLDS H L,PACKER A,BEVER J D,et al, 2003. Grassroots Ecology:Plant-Microbe-Soil Interactions as Drivers of Plant Community Structure and Dynamics[J]. ECOLOGY,84(9):2281-2291.

RUMPEL C,KÖGEL-KNABNER I, 2004. Microbial use of lignite compared to recent plant litter as substrates in reclaimed coal mine soils[J]. SOIL BIOLOGY & BIOCHEMISTRY,36(1):67-75.

SCARON M,AACUTE O,FROUZ J,et al, 2005. Soil development and properties of microbial biomass succession in reclaimed post mining sites near Sokolov (Czech Republic) and near Cottbus (Germany)[J]. GEODERMA, 129(1):73-80.

SHAHIN O,MARTIN-ST PAUL N,RAMBAL S,et al, 2013. Ectomycorrhizal fungal diversity in Quercus ilex Mediterranean woodlands:variation among sites and over soil depth profiles in hyphal exploration types, species richness and community composition[J]. SYMBIOSIS,61(1):1-12.

SUSYANAB E A,ANANYEVA N D,STOLNIKOVA E V, 2011. Forest succession on abandoned arable soils in European Russia-Impacts on microbial biomass,fungal-bacterial ratio,and basal CO respiration activity[J]. EUROPEAN JOURNAL OF SOIL BIOLOGY,47(3):169-174.

SUZ L M,NADIA B,SUE B,et al, 2015. Environmental drivers of ectomycorrhizal communities in Europe's temperate oak forests[J]. MOLECULAR ECOLOGY,23(22):5628-5644.

TAYLOR D L,HOLLINGSWORTH T N,MCFARLAND J W,et al, 2014. A first comprehensive census of fungi in soil reveals both hyperdiversity and fine-scale niche partitioning[J]. ECOLOGICAL MONOGRAPHS,84(1): 3-20.

TIMLING I,DAHLBERG A,WALKER D A,et al, 2012. Distribution and drivers of ectomycorrhizal fungal communities across the North American Arctic[J]. ECOSPHERE,3(11):111.

TITTENSOR D P,CAMILO M,WALTER J,et al,2010. Global patterns and predictors of marine biodiversity across taxa[J]. NATURE,466(7310): 1098-1101.

WEN Z,MURATA M,XU Z,et al,2015. Ectomycorrhizal fungal communities on the endangered Chinese Douglas-fir (Pseudotsuga sinensis) indicating regional fungal sharing overrides host conservatism across geographical regions [J]. PLANT & SOIL,387(1-2):189-199.

第六章 土壤微生物功能

微生物是土壤具有生命力的根本,是土壤关键元素生物地球化学循环的驱动者,是维系陆地生态系统地上-地下相互作用的纽带。土壤微生物在全球物质循环和能量流动过程中发挥着不可替代的作用。然而,长期以来由于技术手段的限制,高达 99% 土壤微生物的功能尚未被认识,土壤微生物系统功能的研究处于一种概念性的描述状态。土壤微生物功能可通过土壤酶活性、Biolog 平板及功能基因的测定来检测,下面主要对土壤酶活性和 Biolog 平板的方法进行介绍。

第一节 土壤酶活性

土壤的胞外酶活力是土壤生物化学转化过程背后最关键性的驱动力,土壤中的胞外酶促动力学过程及其完善的协调机制保障了能量转换、养分循环、土壤环境质量维持和生物量的稳定。随着蔗糖酶、淀粉酶、多酚氧化酶以及肌醇六磷酸酶相继在 20 世纪 50 年代被发现,关于土壤胞外酶的来源、稳定性、动力学性质以及分布状况与土壤胞外酶活性在土壤-植物互馈系统(或土壤-微生物-植物互馈系统)中所起的作用等方面的研究取得了显著进展(关松荫,1986)。土壤酶学研究方向包括:

(1)土壤胞外酶的生物学或生态学功能与调控它们产生的环境机制;

(2)土壤胞外酶的微位点分布特征与土壤微生物的生物学活性的关系;

(3)土壤胞外酶的催化动力学特征与胞外酶蛋白分子在土壤环境中的生活史;

(4)土壤生物化学与计量学的研究。

胞外酶是与土壤有机质、凋落物及外源有机物料降解过程关系最密切的生物化学因素,土壤酶的产生是土壤生物为满足自身营养与能量代谢的需求而演化出的一种觅食策略(Burns et al.,2013)。土壤微生物耗费一定的物力合成胞外酶对比获得的可同化矿物营养的有效性、能源和低分子量有机化合物的收益,因此微生物体倾向于采取以极小的养分交易成本换取最大的关联收益的胞外酶生成策略(Allison et al.,2006)。土壤酶的种类及其生物学功能的不同,或导致它们在胞外酶存活策略上的差异,如有些土壤酶依附于活体细胞或其菌膜的保护,而有的土壤酶则依附于黏土矿物吸附、有机络合吸附或单宁酸络合吸附等包埋机制的保护。

　　下面将以山西省孝义市露天矿区复垦区为研究对象,介绍植被恢复类型与施肥方式对矿区土壤酶活性的影响。不同植被复垦方式和施肥处理对于土壤蔗糖酶、多酚氧化、脱氢酶和脲酶活性影响见图6.1。在不同植被复垦方式下,不同施肥处理对于土壤蔗糖酶的影响并不一致,在百脉根样地中无机肥和有机肥处理对蔗糖酶的影响最为显著,首蓿样地中有机肥对蔗糖酶的促进效应最为显著,油松林和混交林乔木恢复复垦方式中三种施肥方式均显著提高了蔗糖酶活性。

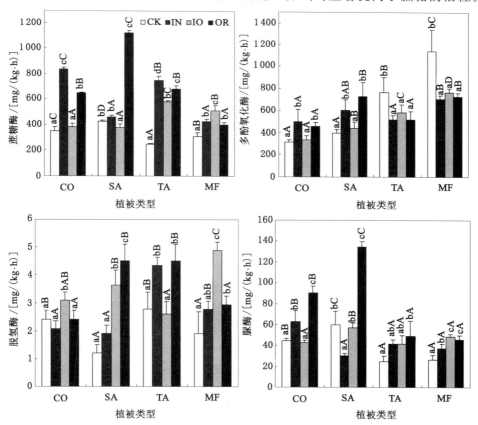

图 6.1　不同植被恢复方式和肥料处理下土壤酶活性

(注:数值为三个重复的平均值,垂直标线为标准偏差,不同小写字母表示相同植被下不同肥料处理间在 $P<0.05$ 水平上差异显著;不同大写字母表示相同肥料处理下不同植被之间 $P<0.05$ 水平上差异显著)。

在未施肥的样地中油松林蔗糖酶活性显著低于其他三种植被复垦方式,在无机肥和有机肥处理下,混交林的蔗糖酶活性最低,混合处理的样地中,两种草本恢复方式的蔗糖酶活性显著低于乔本复垦方式的。

在百脉根和苜蓿草本恢复方式样地中,单独施用无机肥或有机肥均显著地促进了土壤多酚氧化酶的活性,而在油松林和混交林的复垦样地中却呈相反趋势,对照样地多酚氧化酶活性显著高于施肥处理的。在相同植被复垦方式下,混交林的多酚氧化酶活性最高,而百脉根最低,且两者之间差异显著。

施肥对土壤脱氢酶的影响因植被复垦方式不同而不同,在百脉根样地中,只有无机肥+有机肥复合肥显著促进了脱氢酶活性,在苜蓿样地中无机肥+有机肥复合肥和有机肥均显著提高脱氢酶活性,油松林中单施无机肥或有机肥均显著提高了脱氢酶活性,混交林中三种施肥方式均显著提高了土壤脱氢酶,尤其是复合肥效应更为显著。

土壤脲酶活性因植被复垦方式和施肥处理不同而不同,在百脉根样地中无机肥和有机肥处理显著提高了脲酶活性,苜蓿样地中含有无机肥处理均显著抑制脲酶活性,而有机肥显著提高脲酶活性,在油松林和混交林中,施肥后其脲酶活性均得到了提高,其显著效应在混交林中更为显著。在相同施肥条件下,多数情况下草本植被复垦方式下土壤脲酶活性显著高于乔木复垦方式下的活性。

异养微生物对有机质的降解和碳氮磷等营养的吸收同化,均是通过释放于环境中的酶介导完成,土壤酶活性是指示自然和人为干扰的灵敏和及时指标。在对瓜的亚纳河流域复垦矿区污染区土壤酶活性研究中发现,污染复垦区可提高土壤酶活性,但仍低于未干扰区土壤酶活性,不同的土壤酶对污染和复垦的反馈并不一致(Hinojosa et al.,2004)。在本研究中,我们也发现不同植被复垦方式和施肥处理下土壤酶活性有所差异,在草本与乔木复垦方式中施肥对于土壤酶活性的效应基本有所差异,而在草本或乔木复垦方式中施肥效应较为一致,不同酶在相同复垦方式中对施肥的响应也不一致,如蔗糖酶和脱氢酶在百脉根中对施肥的效应呈相反趋势,植被复垦方式和肥料处理对酶活性的影响,可能与植被肥料会改变土壤微生物群落组成和数量有关,另外,胞内酶和胞外酶对环境变化的反馈也并不一致(Yeates et al.,1994;Doran et al.,2000)。

第二节　土壤微生物功能多样性

土壤微生物功能多样性现在最常用的测定方法是通过 Biolog 微平板进行。Biolog 微平板是在 20 世纪 80 年代发展起来的,最初的 Biolog 板为 96 孔的 GN 板,其中 95 个孔中加有不同的碳源和四唑染料,另一个孔是对照孔,孔内只有灭菌的水。将微生物接种到 Biolog 板中,在 25 ℃条件下培养,如果微生物能够利用孔中的碳源发生氧化还原反应,那么产生的电子将四唑染料进行还原,发生紫色反应。颜色的深浅可以反映微生物对碳源的利用程度(Gadepalle et al.,2007)。由于微生物对不同的碳源有特定的代谢图谱,因此 Biolog 板可以用来鉴定纯种微生物。目前,Biolog 板不仅可以鉴定环境微生物,还可以鉴定细菌,酵母菌和霉菌等 2 000 种病原微生物或环境微生物。

近年来设计出了一种新的 Biolog 板,即 Biolog ECO 板,可以用来微生物群落和微生物生态学相关的研究。Biolog ECO 板含有 31 种碳源,每个 3 个重复,此外,还含有 3 个对照孔,这些碳源可以被微生物大量使用,因此可以用来分析土壤微生物的群落水平生理图谱,例如,Gryta(2014)等利用 Biolog ECO 板比较污染和未污染土壤微生物群落功能多样性的差异,Xue(2008)等通过 Biolog ECO 板,高通量测序,变性梯度凝胶电泳(DGGE)以及末端限制性片段多态性(PLFA)研究了土地利用对土壤微生物群落的影响,得到的结果相似,各方法之间没有显著差异。通过 Biolog ECO 板我们可以得到多个评估微生物代谢的指标,在不同的培养时间,采用酶标仪在 590 nm 波长处测定各孔的吸光度值后,利用吸光度计算平均孔颜色变化率(AWCD)和 Shannon 多样性指数(H)。AWCD 反映了微生物群落的潜在代谢能力,当然,AWCD 也可以细分为不同类型碳源的平均孔颜色变化率(SAWCD),其中 31 种碳源可以分为六大类,分别是碳水化合物类、氨基酸类、胺类、醇类、酯类和羧酸类,因此可以利用 SAWCD 评估微生物群落对特定碳源的利用程度(Kelly et al.,1999)。Shannon 多样性指数(H)用来评估细菌微生物群落的生理多样性,与代谢能力较弱的微生物群落相比,能够降解多种底物或者具有相同降解效率的微生物群落具有较高的 H 值。除此之外,有些研究还计算了其他多样性指数,如丰富度指数和均匀度指数(Gryta et al.,2014)。

Biolog ECO 板的测定方法:微平板被用来研究土壤微生物群落的代谢功能,其结果 AWCD(孔平均颜色变化率)反映了土壤微生物碳源利用情况。我们用 ECO 微平板比较三种不同多样性梯度的土壤微生物群落潜在代谢多样性。一个 ECO 板包含 31 种碳源,一个不加碳源的空白孔(每个 3 个重复)。在预培养结束后,称取相当于 5 g 烘干土重的新鲜土样置于装有 45 mL 的无菌 0.85% 氯化钠溶液的三角瓶中,无菌封口膜密封保存。在 22 ℃、190 r/min 的条件下振荡 30 min,静置 10 min。用无菌 0.85% 氯化钠溶液稀释至 1 000 倍,再用 8 通道加样器向 Biolog ECO 微孔板各孔分别添加 150 μL 稀释后的悬液。25 ℃恒温培养 7 d,每隔 24 h 用酶标仪读取 590 nm 波长下的吸光值。

孔平均颜色变化率(AWCD)计算方法:

$$AWCD = \sum \frac{C_i - R}{n}$$

式中　　C_i——反应孔的光密度；

　　　　R——对照孔的光密度；

　　　　n——碳源个数（ECO 板 $n=31$）。

　　　　$C_i - R < 0$ 则记为 0。

碳源代谢强度是整个培养时间段 AWCD 的整合，表征了土壤微生物群落利用总碳的能力。采用曲线拟合方法估算碳源代谢强度：

$$S = \sum \frac{V_i + V_{i+1}}{2}(t_i - t_{i-1})$$

式中　　V_i——i 时刻的 AWCD 值，若每 24 h 监测一次，则 $i=1\sim7$。

下面将以不同复垦年限油松林地的土壤微生物功能多样性为例进行介绍。表 6.1 呈现的是不同复垦年限的 AWCD 值和功能多样性，AWCD 值复垦 6 a 后开始显著提高，在 6～16 a 的复垦样地间差异不显著，在复垦 19 a 的样地又出现显著提高。土壤微生物多样性指数随着复垦年限呈增高趋势，但是各样地间的差异性较小。

表 6.1　　不同复垦年限油松的平均颜色变化率和功能多样性指数

	平均颜色变化率	功能多样性指数
AY1	0.14±0.06a	4.38±0.71a
AY2	0.17±0.02a	5.65±0.18bcd
AY3	0.14±0.02a	4.87±0.53ab
AY4	0.51±0.07b	6.06±0.65cd
AY5	0.57±0.03bc	4.82±0.79ab
AY6	0.49±0.08b	5.65±0.11bcd
AY7	0.41±0.12b	5.29±0.04abc
AY8	0.48±0.04b	4.46±1.10a
AY9	0.61±0.05c	6.13±0.58cd
AY10	1.24±0.15e	6.83±0.11d
AY11	0.79±0.07d	6.36±1.10cd
AY12	0.76±0.06cd	6.34±1.37cd

从图 6.2 中可以看出，6 种碳源的 AWCD 均随着复垦年限显著增加，除酯类和胺类的 AWCD 值与复垦年限的拟合系数较小，其余 4 种碳源的拟合系数均

高于 0.7,其中氨基酸类可达 0.812,另外,斜率最大的也是氨基酸类,而最低的为碳水化合物类。另外,利用冗余分析(Redundancy Analysis,RDA)土壤理化特征与土壤微生物功能结构间的关系(图 6.3),结果表明 pH 是影响土壤微生物系统功能结构的显著影响因子。

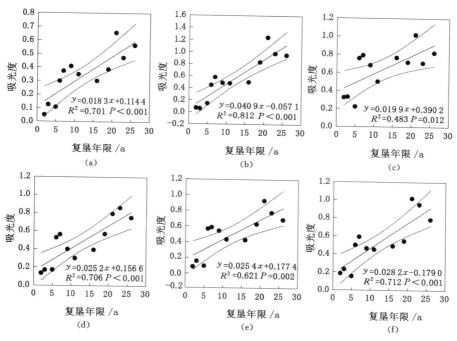

图 6.2　复垦年限与 6 种碳源的线性拟合曲线
(a) 碳水化合物类;(b) 氨基酸类;(c) 酯类;(d) 醇类;(e) 胺类;(f) 酸类

土壤微生物平均吸光值(AWCD)和土壤微生物群落功能多样性指数可以较为全面地反映土壤微生物的活性及其功能多样性。AWCD 值是表示土壤微生物活性的有效指标,反映的是土壤微生物群落代谢活性和对单一碳源利用强度,其值越高,表明土壤微生物利用碳源的能力较强,群落代谢活性越大,整体活性越高。该研究中不同复垦年限油松林土壤的 AWCD 值随复垦年限的增加呈现上升趋势,表明土壤微生物代谢活性随着复垦年限的增加而增强。为了探究不同复垦年限土壤微生物对不同碳源利用的特征,该研究将不同样地 6 类碳源的 AWCD 值做了比对,研究发现,各样地土壤对酯类的利用率相对较高,其次为氨基酸类、醇类、酸类,而对碳水化合物的利用率最低。其他研究中也指出,土壤 pH 和全氮是土壤微生物群落利用碳源的调控因子(朱平等,2015),该结论支撑了该研究的结论。

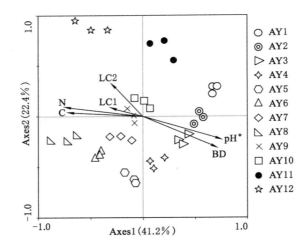

图 6.3 不同复垦年限土壤微生物碳源利用类型冗余分析

参 考 文 献

ALLISON S D,JASTROW J D, 2006. Activities of extracellular enzymes in physically isolated fractions of restored grassland soils[J]. SOIL BIOLOGY & BIOCHEMISTRY,38(11):3245-3256.

BURNS R G,DEFOREST J L,MARXSEN J,et al, 2013. Soil enzymes in a changing environment:Current knowledge and future directions[J]. SOIL BIOLOGY & BIOCHEMISTRY,58(2):216-234.

XUE D, YAO H Y, DE-YONG G E, et al, 2008. Soil Microbial Community Structure in Diverse Land Use Systems:A Comparative Study Using Biolog,DGGE,and PLFA Analyses[J]. PEDOSPHERE,18(5):653-663.

DORAN J W,ZEISS M R, 2000. Soil health and sustainability:managing the biotic component of soil quality[J]. APPLIED SOIL ECOLOGY,15(1): 3-11.

GADEPALLE V P, OUKI S K, HERWIJNEN R V, et al, 2007. Immobilization of Heavy Metals in Soil Using Natural and Waste Materials for Vegetation Establishment on Contaminated Sites[J]. JOURNAL OF SOIL CONTAMINATION,16(2):233-251.

GRYTA A，FRAC M，OSZUST K，2014. The Application of the Biolog EcoPlate Approach in Ecotoxicological Evaluation of Dairy Sewage Sludge[J]. APPLIED BIOCHEMISTRY & BIOTECHNOLOGY，174(4):1434-1443.

HINOJOSA M B，CARREIRA J A，GARCÍA-RUÍZ R，et al，2004. Soil moisture pre-treatment effects on enzyme activities as indicators of heavy metal-contaminated and reclaimed soils [J]. SOIL BIOLOGY & BIOCHEMISTRY，36(10):1559-1568.

KELLY J J，HAGGBLOM M，RLIII T，1999. Changes in soil microbial communities over time resulting from one time application of zinc:a laboratory microcosm study [J]. SOIL BIOLOGY & BIOCHEMISTRY，31（10）: 1455-1465.

YEATES G W，ORCHARD V A，SPEIR T W，et al，1994. Impact of pasture contamination by copper，chromium，arsenic timber preservative on soil biological activity[J]. BIOLOGY & FERTILITY OF SOILS，18(3):200-208.

关松荫，1986. 土壤胞外酶及其研究方法[M]. 北京:农业出版社.

朱平，陈仁升，宋耀选，等，2015. 祁连山不同植被类型土壤微生物群落多样性差异[J]. 草业学报(6):75-84.